普通高等教育电气工程自动化系列教材

电力系统实验指导

——基于三维虚拟现实技术及ADPSS仿真系统

主编　刘世明　李　谦　张　星
参编　孙丽香　王　峰　李国建
王　慧　肖　洪

机械工业出版社

虚拟仿真实验教学是高等教育信息化建设和实验教学示范中心建设的重要内容。本书依托电力系统全数字实时仿真装置（ADPSS）产生的实时数据，采用三维虚拟现实显示技术构建逼真的实验场景，实现了“电机学”“电力系统工程基础”“电力系统继电保护”等课程的教学实验。

全书共分为5章，第1、2章介绍本书所依托的教学实验仿真平台及其软件操作指南；第3章介绍变压器及电机实验，包括单相变压器实验、三相变压器实验、同步电机实验和异步电机实验；第4章介绍电力系统及其自动化实验，包括单机—无穷大系统稳态运行方式实验和电力系统故障分析实验；第5章介绍继电保护实验，包括三段式零序过电流保护实验、三段式距离保护实验、距离保护Ⅰ段对比实验等。

本书可作为高等院校电气工程及其自动化专业本科生的实验教材，也可作为高职高专教材，同时还可供从事虚拟仿真实验教学开发的技术人员参考。

图书在版编目（CIP）数据

电力系统实验指导：基于三维虚拟现实技术及ADPSS仿真系统/刘世明，李谦，张星主编．—北京：机械工业出版社，2020.3

普通高等教育电气工程自动化系列教材

ISBN 978-7-111-65310-3

Ⅰ.①电…　Ⅱ.①刘…　②李…　③张…　Ⅲ.①电力系统-实验-高等学校-教材　Ⅳ.①TM7-33

中国版本图书馆CIP数据核字（2020）第061232号

机械工业出版社（北京市百万庄大街22号　邮政编码100037）
策划编辑：路乙达　责任编辑：路乙达
责任校对：李　杉　封面设计：陈　沛
责任印制：常天培
北京捷迅佳彩印刷有限公司印刷
2020年7月第1版第1次印刷
184mm×260mm · 6印张 · 144千字
标准书号：ISBN 978-7-111-65310-3
定价：19.80元

电话服务　　　　　　　　　　网络服务
客服电话：010-88361066　　机工官网：www.cmpbook.com
　　　　　010-88379833　　机工官博：weibo.com/cmp1952
　　　　　010-68326294　　金书网：www.golden-book.com
封底无防伪标均为盗版　　　机工教育服务网：www.cmpedu.com

前　言

《国家中长期教育改革和发展规划纲要（2010—2020年）》（简称《纲要》）于2010年7月29日正式发布。这是我国跨入21世纪后制定的第一个完整的教育规划，也是今后一定时期指导全国教育改革和发展的纲领性文件。《纲要》将各大高校引入了教育体制改革的时代，同时提出的“卓越工程师教育培养计划”也为高校推进落实教育体制改革指明了方向。针对21世纪高校教育改革的新特点、新要求，全国各大高校积极响应，在教学设施、教学模式等方面开始了改革创新，特别是在教学设施方面，淘汰了一些陈旧的不适合新时代教育的设施和方案，取而代之的是符合时代潮流的新型的教学设备和教学方法，加快了高校教育体制改革的步伐。

电气工程及其自动化专业在国内各大高校中开设比例较高，是一种宽口径的、理论与实践并重的专业。为了适应《纲要》的要求，电气工程及其自动化专业的教学应该注重培养应用型人才，重视培养学生的工程实践能力和实际动手操作能力，也就是说，推进教育体制改革，应该实现工程实践与教学的有机结合，其中实验教学尤为重要。专业基础实验教学不只是培养学生掌握实验方法和操作技能，对于学生综合素质的培养，特别是电力系统工程实践技能的培养也有着至关重要的作用。本书基于三维虚拟现实实验平台，配合“电机学”“电力系统工程基础”“电力系统继电保护”等课程的教学实验而编写，旨在结合在校学生的实际情况，理论联系实际，突出教材的针对性和实用性，促进学生对电力系统相关学科实验理论知识的二次理解，解决理论教学中没能够解决的实践问题。

目前的实验设备大都是物理设备，功能固定、难以扩展，不利于培养学生的动手能力和创新能力。由于电力行业的特殊性，电力系统教学中普遍采用电力系统仿真。电力系统仿真是根据原始电力系统在某个仿真软件上建立模型，利用模型进行计算和实验，研究电力系统在规定时间内的工作行为和特征。电力系统仿真在各大高校电气工程专业的科研工作中发挥着重要作用。采用电力系统数字仿真系统进行教学，可以利用数字仿真软件或者仿真装置，为学生提供一个模拟、设计、分析电力系统的平台，可以加深学生对所学专业知识的理解，达到理论与实践相结合的教学目的。为了发挥数字仿真的优势，又保留物理实验“直观”的优势，山东大学联合中国电力科学研究院，应用三维虚拟现实技术和实时数字仿真系统，构建了适合电力系统及其自动化专业的本科教学实验平台。其中，三维虚拟现实实验界面提供了接近于真实物理设备的外观和操作体验；实时数字仿真系统提供了真实、准确的实验数据，确保了实验结果的正确性。

本书首先详细介绍了基于三维虚拟现实技术及ADPSS仿真系统的教学实验仿真平台以及软件操作方法，然后分章节介绍了三个学科的教学实验内容，包括变压器及电机实验、电力系统及其自动化实验以及继电保护实验。变压器及电机实验包括单相变压器实验、三相变压器实验、同步电机实验和异步电机实验；电力系统自动化实验包括单机—无穷大系统稳态运行方式实验和电力系统故障分析实验；继电保护实验包括三段式零序过电流保护实验、三段式距离保护实验、距离保护Ⅰ段对比实验等。

本书体系结构优化，重点突出，现实感强，形式上追求贯穿学习过程的目标导向与“学”“思”交融的学习模式，内容上注重经典知识与前沿技术的结合，目标上强调工程实践应用与创新能力的培养。通过本书的学习，读者可以深刻理解电力系统各门课程相关理论的内涵，基本掌握交直流电机、电力系统实验平台、继电保护装置等实验设备的测试方法，能够结合测试结果分析实验数据和装置动作行为，提高学生分析问题和解决问题的能力，对理论学习和实际工作有重要的指导意义。

在使用本书时，教师可根据教学计划和实验条件灵活安排实验内容，其中有些实验可安排为设计性、综合性实验。

刘世明、李谦、张星担任本书主编并编写了第1章；孙丽香、王峰参加了第2章的编写；李国建参加了第3章的编写；王慧参加了第4章的编写；肖洪参加了第5章的编写。研究生赵国超、朱希松、张玉浩等参与了资料搜集等工作。电力系统数字仿真技术和虚拟仿真技术内容丰富、应用广泛，且两种技术本身都处于不断的发展进步中，本书的出版是两种技术在实验教学领域的一次全新尝试。在编写过程中，编者参阅了大量的资料，融入了多年从事电力系统及其自动化专业实验教学研究的心得体会，同时得到了许多同事、朋友的支持与帮助，在此表示深深的敬意和感谢！

本书可作为高等院校电气工程及其自动化专业本科生的实验教材或毕业设计和专业实习参考用书，也可作为高职高专教材，同时还可供从事虚拟仿真教学实验系统开发的技术人员参考。

限于编者的水平和学识，书中难免存在疏漏和不妥之处，诚望读者不吝赐教，以利修正，让更多的读者获益。联系电子邮箱：lsm@ sdu. edu. cn。

编　者

目　　录

第1章 仿真平台概述

1.1 三维虚拟现实技术

近年来，诸多现实场景与虚拟场景结合的技术层出不穷，正在逐渐改变人们的生活。虚拟现实（Virtual Reality，VR）是一种可以创建和体验虚拟世界的计算机仿真系统。它利用计算机生成一种模拟环境，使用户沉浸到该环境中，是一种多源信息融合的交互式三维动态视景和实体行为的系统仿真。

增强现实（Augmented Reality，AR）是一种实时计算摄影机影像位置及角度并添加相应图像的技术。这种技术最早于1990年提出，目标是在屏幕上将虚拟世界套在现实世界中并进行互动。随着便携式电子产品运算能力的提升，AR的用途越来越广。

混合现实（Mixed Reality，MR）是VR技术的进一步发展。该技术通过在虚拟环境中引入现实场景信息，在虚拟世界、现实世界和用户之间搭起一个交互反馈的信息回路，以增强用户体验的真实感。

相比VR技术，AR、MR技术的发展目前尚未成熟，因此本书中介绍的电力系统本科教学实验平台应用VR技术中的三维虚拟现实技术，真实还原实验场景。未来，随着AR、MR技术的进一步发展，电力系统本科教学实验亦可借鉴并应用上述技术，以实现更真实的实验场景还原，提升实验效果，给实验者更好的实验体验。

1.1.1 三维虚拟现实技术的发展

三维虚拟现实（Three Dimensions Virtual Reality，3D-VR），是由美国VPL公司创建人杰伦·拉尼尔在20世纪80年代初提出的一种计算机显示技术。其具体思路是综合利用计算机图形系统和各种现实及控制等接口设备，在计算机上生成的、可交互的三维环境中提供沉浸式体验以及身临其境感觉的技术。其中，计算机生成的、可交互的三维环境称为虚拟现实环境（Virtual Environment，VE）。虚拟现实技术实现的载体称为虚拟现实仿真平台（Virtual Reality Platform，VRP），是利用计算机图形技术、传感器技术和显示技术创建的一种模拟人在自然环境中的视、听、动等行为的高级人机交互环境。在VRP中，利用显示器或者鼠标等输入输出设备，参与者可以观察并与虚拟的三维环境进行交流，从而使参与者有种直接进入到周围环境中探索对象在所处环境中的相互作用和变化的真实感觉。

虚拟现实有三个基本特征，即交互性（Interaction）、沉浸感（Immersion）和构想性（Imagination）。交互性主要指参与者利用听觉、视觉、触觉、嗅觉等感官功能及身体各个组织器官运动、拾取、对话等自然技能，对计算机营造的虚拟环境中的物体进行观察和操作。沉浸感是指实验者全身心地投入到计算机营造的虚拟环境中，产生身临其境的感觉。构想性指参与者可以在计算机营造的虚拟现实中按照自己的想法和意愿去自主行动和操作，实现在真实环境下难以实现或者需要操作和观察的现象和结果。上述虚拟现实的三个基本特征称为

“3I”，如图 1-1 所示。这三个“I”强调的是人在 VR 系统中的主导地位和作用。从人只能通过键盘、鼠标等外在输入输出设备与计算机环境进行单纯的数字化信息交流，到人可以通过多种传感器与计算机营造的多维化信息环境发生交互作用；从人只能在计算机系统的外部以操作者的身份去观测计算机处理的结果，到人可以沉浸到计算机所创造的三维虚拟环境中并且产生身临其境的感觉；从人只能从以定量计算为主要参考的结果中寻找启发进而加深对事物的认识，到人从定量和定性的综合集成环境中得到感性和理性认识从而深化概念认识和萌发创新观点。综上所述，虚拟现实的目的是使这个由计算机及其附属的传感器创造出的虚拟环境来尽量满足人们在真实环境中的需要，使参与者可以在这个环境中充分感受到和在真实环境中一样甚至超出真实环境的信息量。

作为被国外多家知名媒体评选出的能够影响未来的十大科学技术之一，虚拟现实技术的发展已历经 30 余年，并且受到了人们的高度关注。虚拟现实技术在国外发展非常迅速，最早应用于军工领域，随着技术的进一步成熟和民用化，目前在医学、娱乐、工业、教育领域都有了长足的发展。国内对虚拟现实技术的研究始于 20 世纪 90 年代初期，虽然起步较晚，与国外还有一定的差距，但虚拟现实技术目前在我国各个领域都得到了充分重视，并有了一定发展，国家高科技研究计划、国家自然科学基金等其中都有关于 VR 项目探索与研究的内容。另外，我国很多高校和科研机构也积极开展了虚拟现实技术及其应用的研究探索，相继建立了三维虚拟现实仿真实验室。如北京航空航天大学的 VR 在分布式飞行模拟方面的应用；浙江大学的 VR 在建筑规划、设计方面的应用；哈尔滨工业大学的 VR 在人机交互方面的应用；清华大学的对 VR 临场感的研究等都颇具特色。虚拟现实仿真实验室提供了参与虚拟环境便捷的交互工具，整个系统的便捷性、实时性、真实感都达到了较高的水平，甚至已经具备独立承接大型虚拟现实项目的实力。

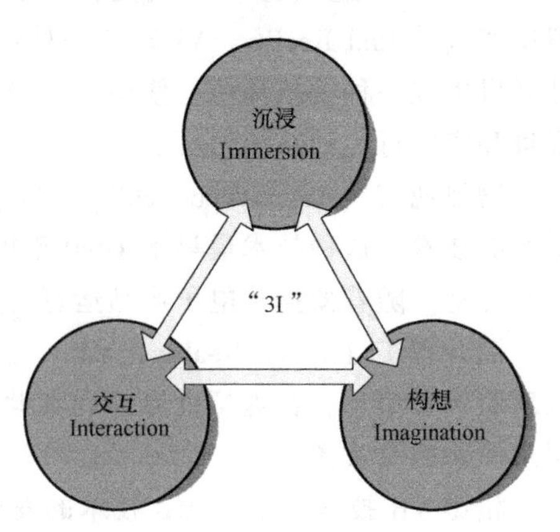

图 1-1 虚拟现实的三个基本特征

1.1.2 三维虚拟现实技术的应用

1. 在电力系统中的应用

虚拟现实技术最早应用于军事和商业领域，其后在科学研究、通信、仿真、教育、培训等领域得到广泛应用。早在 1992 年美国就已经开始研究虚拟现实技术在电力系统上的应用，并建立了电力系统三维虚拟数据库。目前，国外已经在输配网的三维展示、虚拟现实漫游管理方面取得了一定的成果，我国还局限于配电网 GIS 领域和电网三维展示方面。

操作培训是电力系统中提高运行水平的一项重要工作。传统的培训方式存在着一定的缺陷。随着计算机、信息、网络以及虚拟现实等相关技术的发展，出现了基于虚拟现实技术的电力安全培训，弥补了传统电力安全培训的一些盲点。例如刀开关操作过程中需要进行远程操作，而远程操作因获得信息有限，难免影响操作的准确度，从而对人身、设备都存在着一定的安全隐患。同时操作现场处于噪声、高温、高电压的环境中，运行人员操作的正确性也容易受到影响。若能够将虚拟现实技术应用于数据采集和设备监控，培训过程中使运行人员仿佛置身于操作现场，实际操作时将会大大提升远程操作的安全系数。

此外，在电力行业的产品设计、工程设计中，应用虚拟现实技术可以降低设计、开发成本，降低新产品的开发风险，加深设计人员对产品和电力建设工程的认识，使产品的设计更加符合应用需求。

综上所述，虚拟现实技术在电力系统中的应用已经得到了蓬勃的发展，我国也在逐渐重视虚拟现实技术，并取得了一定的成果。

2. 在教学实验中的应用

近年来，虚拟现实技术在教育培训方面表现出很大的潜力。国外已经有许多虚拟现实技术在教育系统的成功应用。如美国 Froleda 大学开发的用于公众教育的、低成本网络环境下的 ExploreNet，学生可以在线提问，解决各种教学问题，并在共享环境下进行讨论；英国拟开发的生物教学虚拟系统，学生在虚拟环境下可以漫游植物世界，并亲自解剖动植物器官，提高了学生对动植物的感性认识。在自动化培训方面，虚拟现实技术可以发挥更明显的作用，通过“漫游”虚拟现实环境，学生可以设置和解决各种故障，在教室中获得实践经验，提高了学生实践能力，大大缩短了学生从理论走向实践的过程。利用虚拟现实实验室的优点还在于其绝对的安全性，不会因为操作失误而造成危险。

利用虚拟现实技术，可以将庞大和难以理解的数据信息转换为形象直观的模型。例如，可以制造出虚拟人体的三维模型，学生通过仔细观察，可以很容易地掌握人体的内部组织结构；可以模拟病变部位，学员对其进行模拟手术，更快地获得临床经验。同理，利用虚拟现实技术进行历史教学和地理教学，可以使学生在短期内获得大量信息，得到较深刻的记忆，而且，这将使许多难以讲述和理解的问题变得简单。利用虚拟现实技术，还可以有效解决实验条件和实验结果之间的矛盾。在教学中，许多昂贵的实验、培训器材由于经济原因无法普及。利用 VR 技术，学生可以走进虚拟实验室，身临其境地操作虚拟仪器，并通过仪表显示的实验结果来判断操作是否正确。这种虚拟实验既不消耗元器件，也不受实验场地的限制，而且可以重复练习，直至得到满意的实验结果。

三维虚拟系统的虚拟环境能够为学生提供生动、逼真的学习环境，毕竟亲身去经历、去感受比空洞抽象的说教更具说服力，主动地去交互学习与被动地接受知识有本质的差别。三维虚拟现实实验室提供的无限逼真的虚拟体验，能够加速和巩固学生学习知识的过程。目前，在教育部建设“国家级虚拟仿真实验教学中心”工作的推动下，国内各大高校利用虚拟现实技术，建设自己三维虚拟实验室的项目都已经提上议事日程，三维虚拟实验室的建设都在如火如荼地进行中。

三维虚拟现实实验室具有传统实验室难以比拟的优势。首先，虚拟现实实验室能够节省成本。通常传统实验室都是物理设备，由于物理设备成本高、体积大、占地多、投资大、设备复杂、操作人员多、维护费用高等限制，许多实验都无法经常进行或者直接进行。而利用虚拟现实实验室，学生足不出户便可以做各种实验，获得与真实实验完全一样的体验。在保证教学效果的前提下，极大地节省了教育成本。其次，常规物理设备实验室有一定的安全隐患，其中包括由于操作不当易引起设备损坏以及存在人身安全隐患等。而利用三维虚拟现实实验室进行实验，学生在虚拟实验环境中，在得到真实物理实验设备体验的同时可以放心地去做任何危险的实验。最后，虚拟现实实验室可以打破空间、时间的限制。传统物理实验室往往都是定时开放，导致学生实验时间有限，动手机会有限，不便于扩充新的实验项目，限制了学生的研究热情。而利用虚拟现实技术，可以彻底打破时间与空间的限制，学生可以通过网络和账号随时随地登入全数字虚拟现实实验室进行实验，实现了随时随地做实验的可能。

新技术的出现推动了高校教育改革的进一步发展。国内各大高校电气工程专业都已加入教学模式改革，加入推行“卓越工程师教育培养计划”的行列。本书正是在上述背景下，依托虚拟现实技术及实时数字仿真系统的本科教学实验平台，构建了顺应21世纪高校教学改革潮流的电力系统全数字本科教学实验项目。

1.2 电力系统全数字实时仿真系统

1.2.1 仿真技术简介

电力系统仿真是根据原始电力系统的实际运行参数和运行特点，建立物理或者数学模型，利用模型进行计算和实验，研究电力系统在规定时间内的工作行为和特征。电力系统仿真可以分为物理仿真和数字仿真两类，物理实验设备仿真系统的最大优点是仿真真实可靠，数值稳定性好，仿真规模取决于硬件规模。但是物理仿真装置有一定的安全隐患，其中包括由于操作不当易引起的设备损坏以及存在人身安全隐患；可模拟的电力系统规模受制于装置自身的规模和元件的物理特性，可扩展性和兼容性差，难以大量推广等。

数字仿真是建立电力系统物理过程的数学模型，基于计算机技术和数值计算技术求解数学模型，实现对电力系统的模拟。由于数字实时仿真系统不受被研究系统规模和结构复杂性的限制、计算速度快、使用灵活、成本相对低廉，已经成为分析、研究电力系统必不可少的工具，是电力系统仿真的重要研究方向，也是各大高校电气工程专业进行教学演示、实验探究和科学研究必不可少的工具。如在国内高校电力系统科研中广泛应用的电力系统数字仿真软件MATLAB/Simulink、PSS/E、PSCAD等，分别适用于不同的研究领域，但受单个计算机计算能力的限制，这些仿真软件都难以达到实时仿真的要求，因而无法代替物理实验设备应用于教学实验。

所谓实时仿真，是指仿真模型的时间比例与真实系统的时间比例完全相同的仿真。例如，我国电力系统的工作频率是50Hz，则实时仿真就必须在1s的时间内均匀地产生50个工频周期的电量。为了实验需要，每个工频周期需要均匀地实时输出20~200个电流、电压值（数字量或者模拟量）。并且在此过程中能够实时接收动态输入（如开关位置变化指令、发电机调整励磁指令、故障点接地短路等），并产生相应的实时动态输出。因此，实时仿真不但可以应用于电力系统的分析、研究与设计，而且可以广泛地应用于大型电力系统操作人员的培训和教育，从而避免了实际电力系统中由于操作不当所带来的设备、人身危害及经济损失。

在20世纪90年代初期，随着DSP的问世，加拿大曼尼托巴RTDS公司率先推出了国际上第一台电力系统全数字实时仿真系统——RTDS。继曼尼托巴RTDS公司之后，法国电力公司EDF和加拿大魁北克水电研究所的TEQSIM公司等也相继开展了电力系统全数字实时仿真系统的开发和研制工作。目前所有的电力系统全数字实时仿真系统，无论采用哪种硬件平台，其共同特点都是基于多处理器的并行数据处理技术，即由系统仿真时下载到该CPU

的软件来决定该 CPU 模拟什么电力系统元件，因此，在时间步长和输入输出设备的频宽都满足要求的情况下，系统的一次元件模型只取决于软件而与硬件无关。这个显著的特点为用户对未来新元件的仿真提供了充分的发展空间。

1.2.2 电力系统全数字实时仿真装置

目前广泛应用的电力系统实时数字仿真软件/装置，包括上面介绍的 RTDS，加拿大 Opal-RT Technologies 公司推出的 RT-LAB 实时仿真平台软件包，加拿大魁北克 TEQSIM 公司开发的电力系统数字实时仿真器 HYPERSIM，以及中国电力科学研究院开发的电力系统全数字实时仿真装置（Advanced Digital Power System Simulator，ADPSS）等。本书介绍的教学实验平台采用 ADPSS 电力系统全数字实时仿真装置为各项实验提供动态实时仿真数据。

电力系统全数字实时仿真装置是由中国电力科学研究院研发的适应我国大规模电网实时仿真要求的基于高性能 PC 机群的全数字实时仿真系统。它能够实现大规模复杂交直流电力系统机电暂态与电磁暂态的实时和超实时仿真以及外接物理装置试验。ADPSS 仿真系统包括三大部分，分别为高性能 PC 机群、电力系统分析综合程序（PSASP）和交直流电力系统电磁暂态仿真软件（ETSDAC）。本实验平台采用了其中的高性能 PC 机群作为实验模型仿真运行后台，交直流电力系统电磁暂态仿真软件（ETSDAC）作为实验模型搭建和初步功能调试仿真平台。电力系统分析综合程序（PSASP）主要是针对机电暂态仿真，本书并没有涉及。图 1-2 展示了 ADPSS 的组成及基本结构。

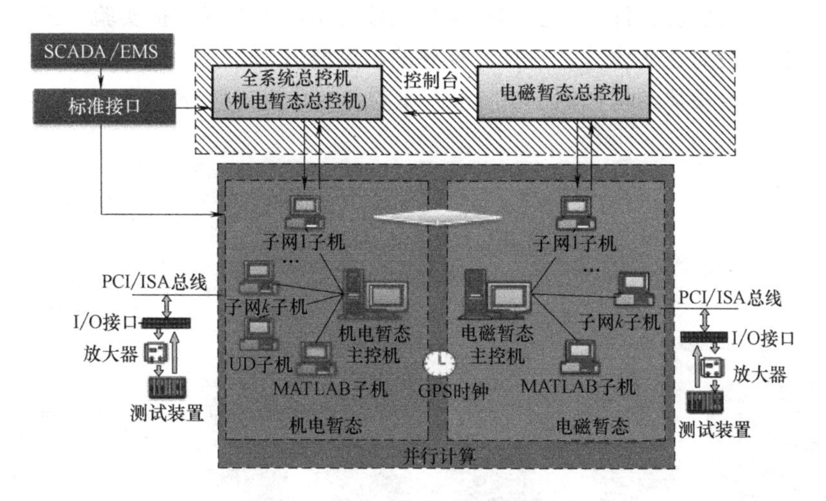

图 1-2 ADPSS 的组成及基本结构

ADPSS 系统的硬件平台基于高性价比、可扩展和可升级的国产高性能服务器机群，克服了国外仿真装置采用专有硬件、不易升级扩展、采购和维护成本高的缺陷，且随着计算机和通信网络技术的发展，机群服务器的性能提升非常快，能够很好地满足不断扩充的电力系统仿真分析的需求。利用 PC 机群的多节点设计和高速本地通信网络，采用网络并行计算技术对电网计算任务进行分解，将全网计算任务分解成互不影响的多个子任务，并对仿真计算过程进行实时控制，实现了大规模复杂交直流电力系统的机电暂态、电磁暂态实时仿真和机电—电磁暂态混合实时仿真，以及外接物理设备实验仿真。

ADPSS 仿真装置在高性能 PC 机群服务器的支撑下搭载了功能强大的 PSASP 和 ETSDAC 仿真软件，构成了电力系统全数字实时仿真装置。该系统具有九大功能：①励磁系统仿真和装置的实验研究；②继电保护和安全自动（稳控）装置的检验和实验研究，包括常规继电保护和安全自动装置的入网检测，以及新型继电保护装置和安全自动（稳控）装置乃至自动化控制系统的实验验证等；③电力系统事故分析，包括电网稳定破坏事故和振荡事故重现、原因分析和相应措施研究等；④FACTS 和直流输电系统的仿真及控制装置检测实验研究；⑤电网规划和运行研究；⑥在线分析计算；⑦动态安全分析和监控系统仿真平台；⑧电力运行调度和技术人员培训；⑨教学工具和科研平台。

1.3 教学实验平台简介

1.3.1 教学实验平台组成

本教学实验仿真平台是一套基于三维虚拟现实界面和 ADPSS 仿真系统构成的实时数字化教学实验模型。这套实验平台能够辅助或者替代目前电力系统自动化专业本科教学中使用的物理实验设备，完成大部分实验内容，包括电机实验、电力系统自动化实验以及继电保护实验等。电机实验包括同步电机实验、异步电机实验、单相变压器实验和三相变压器实验；电力系统自动化实验包括单机—无穷大系统稳态运行方式实验、单机带负荷实验、动模实验和电力系统故障分析实验；继电保护实验包括三段式零序过电流保护实验、三段式距离保护实验、距离保护 I 段对比实验等，并具有良好的扩展能力。

本教学实验平台整体结构如图 1-3 所示。实验平台分为三部分：

图 1-3　教学实验平台整体结构

1）图中最上面部分是 ADPSS 后台仿真系统，以及在系统中运行的实验仿真模型。在实验过程中，ADPSS 提供电气量的实时仿真数据，并且响应实验者的操作实时改变模型参数或结构，因此仿真数据的变化规律、动作行为等与真实的物理设备完全一致。得益于 ADPSS 系统的强大仿真功能，在相关硬件设备的支持下，仿真数据还能够以模拟量的形式输出，从而在配套的放大器的输出端口，就能够用万用表、示波器等设备测量到与真实物理设备端口一样的模拟量输出，使得实验效果更加逼真。

2）图中下半部分是实验终端操作机，其采用三维虚拟现实技术作为显示界面，提供了与真实物理实验设备几近一样的外观和操作界面。得益于VR技术的灵活性，虚拟现实界面在很多方面能够更好地模拟电力系统的真实场景。VR界面通过交换机和后台ADPSS仿真机群的不同CPU相连，通过网络实时交互数据，使得电气量的变化能够实时反映到VR界面的表计、灯光等显示中，实验操作也能实时得到ADPSS的响应，真正达到“虚拟现实”的效果。根据ADPSS硬件系统的规模不同，每次实验能够实现5~20个实验终端操作机互不干扰地执行实验功能。

3）系统第三部分是位于ADPSS系统和VR终端之间的高速网络系统，实验平台在网络中通过TCP/IP协议和Socket通信规约传输实验数据，实现每200ms一次的数据更新，从而满足VR界面显示的实时性要求。由于仿真系统与VR终端之间采用了标准的通信协议，因此根据网络的性能和通信速率，实验平台可以工作于局域网环境，也可以工作于广域网络环境。后一种情况下即实现了实验教学的远程化。

本教学实验平台的基本实验过程为：实验指导教师讲解完毕后，在实验配置都正确的前提下，在控制机器上运行电磁暂态仿真程序ETSDAC，打开实验课程对应的实验工程文件，分成分别独立的几组下载到后台ADPSS机群上运行。后台模型开始运行之后，实验者在实验终端操作机上运行相应实验的三维虚拟场景，然后根据实验内容和操作步骤进行实验即可。整个交互过程如图1-4所示。

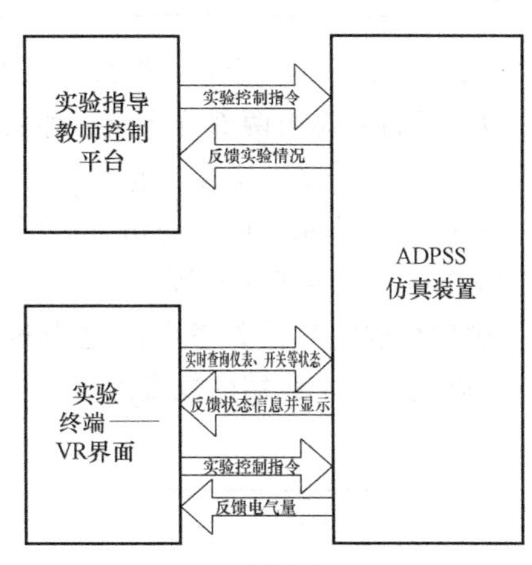

图1-4　实验交互过程

1.3.2　教学实验平台硬件配置

本教学实验平台是基于三维虚拟现实技术及ADPSS仿真系统的教学平台，因此要求三维虚拟界面和ADPSS仿真系统严密配合。三维虚拟界面作为实验系统的前台，由实验学生操作。ADPSS系统作为实验系统的后台，由实验指导教师控制和操作。前台是实验者可以直接进行实验操作的终端，一般为普通的计算机，但是为了三维虚拟现实软件能够流畅地运行，对内存、显示卡等硬件会有一定的要求。后台整套ADPSS服务机群，一方面运行高速实时仿真计算的PSASP系统基本功能程序，另一方面运行仿真应用软件电磁暂态仿真计算程序ETSDAC。后台由实验指导教师进行操作，以控制实验的内容和仿真计算的启停。实验指导教师选择好本次实验仿真模型并且分几组下载到大型高速计算机群，即可控制实验进行。根据ADPSS机群的配置不同，实验平台能够同时运行实验项目的多个实例，支持5~20个实验小组同时实验。根据需要，还可以配置放大器柜，将仿真系统的数字量转换成模拟量，供实时测量使用。下面分别介绍前台机和后台系统的配置。

1）所谓前台机就是实验时运行三维虚拟场景界面的终端，实验者可在终端机上面按照实验步骤及操作规程进行实验操作，因此也称为实验终端操作机。前台机最低配置见表1-1。

表 1-1　实验平台前台机最低配置

名　称	参　数
处理器	CPU(酷睿 2)2. 33GHz
内存	内存(ECC DDR3)2GHZ
显卡	中高端独立显卡,显存 DDR3 1GB
硬盘	5400 转,SATA,320GB
网络通信	有线网卡 1000Mbit/s 以太网卡
显示器	21 寸液晶显示器;屏幕分辨率 1366×768
操作系统	Windows 7 专业版

根据需要同时实验的小组数量，上述前台机可以配置 5~20 台/套。

2）后台系统由两部分构成，即实验指导教师的操作机和整套 ADPSS 仿真系统。实验指导教师用控制机器配置参考前台机的配置即可。

ADPSS 仿真系统配置的仿真应用软件为中国电力科学研究院研发的电磁暂态仿真计算软件 ETSDAC，要求 2. 0 版本以上。

硬件机群的配置参考中国电力科学研究院研发的《ADPSS 仿真系统后台机群用户手册》，以支持五个终端的规模配置，见表 1-2。

表 1-2　ADPSS 系统硬件机群配置

序号	名称	型号规格	单位	数量
1	计算/接口节点	2U 机架式 19″标准,2U 2×主频 2. 66GHz XEON 5650 六核 12G DDR3 内存 1×15000 转 146G SAS HD 硬盘 Mini SAS 卡 2×1000M DVD-ROM 冗余电源	个	10
2	在线数据接口服务器	2U 机架式 19″标准,2U 2×主频 2. 66GHz XEON 5650 六核 8G FBD 内存 2×15000 转 146G SAS HD 硬盘 Mini SAS 卡 2×1000M DVD-ROM 冗余电源	个	1

（续）

序号	名称	型号规格	单位	数量
3	管理节点	2U 机架式 19″标准，2U 2×主频 2.66GHz XEON 5650 六核 8G FBD 内存 2×15000 转 146G SAS HD 硬盘 Mini SAS 卡 2×1000M DVD-ROM 冗余电源	个	2
4	物理接口箱	标准配置，包括机箱、CPU 板等基本配置，以及 AI 板 1 块，AO 板 3 块，DI 板、DO 板和电源板各 2 块 每个 AI 板共 8 路 AI 通道；每个 AO 板共 8 路 AO 通道；每个 DI 板共 16 路 DI 通道；每个 DO 板共 16 路 DO 通道	个	2
5	物理接口箱校准配件	包括高精度电源、高精度仪表各一台，用于物理接口 AI/AO 通道的自校准	套	1
6	Myrinet 网络	Infiniband 网络，包括交换机 1 台，Infiniband 网卡 10 块，网络线缆 10 根	套	1
7	千兆以太网	24 口千兆交换机	台	2
8	防火墙	防火墙 TLFW-100L，400M 吞吐量、4 个 10/100M 以太网电口、1 个异步串行管理接口、2 个 USB 接口，并发会话数 80 万、支持 VLAN、VPN、DHCP，设有灾难恢复机制	台	1
9	机柜	19″，42U(2.1M)；布线系统，散热系统，供电系统	个	5
10	机群操作系统	REDHAT AS 4.0 64 位操作系统，实时 Linux 操作系统，RTLinux	套	1
11	机群系统软件	机群部署系统、管理系统、监控系统，C/C++编译器，Fortran95 编译器，Java 编译器 并行开发环境：MPICH，PVM	套	1

第 2 章　软件操作指南

2.1　ETSDAC 操作指南

本教学实验平台的数字仿真是基于 ADPSS 仿真系统，仿真模型的加载、运行等需要在 ADPSS 下的电磁暂态仿真软件 ETSDAC 下操作完成。以下详细介绍 ETSDAC 软件的操作。

注意：本书为教学实验指导书，阅读者既有教师也有学生。实际操作中该软件只需要由实验指导教师操作，对于实验者而言，了解软件操作有助于理解实验原理及整个实验过程，有助于加深对该实验平台的理解，提升实验效果。因此，实验者可自行选择阅读。

2.1.1　电磁暂态计算主框架界面

电磁暂态计算主框架界面如图 2-1 所示，包括标题栏、菜单栏、工具栏、工程管理窗口、元件图符显示窗口、信息反馈窗口和图形窗口。

电磁暂态计算主框架结构特点：多工程；单运行；激活工程才能运行。

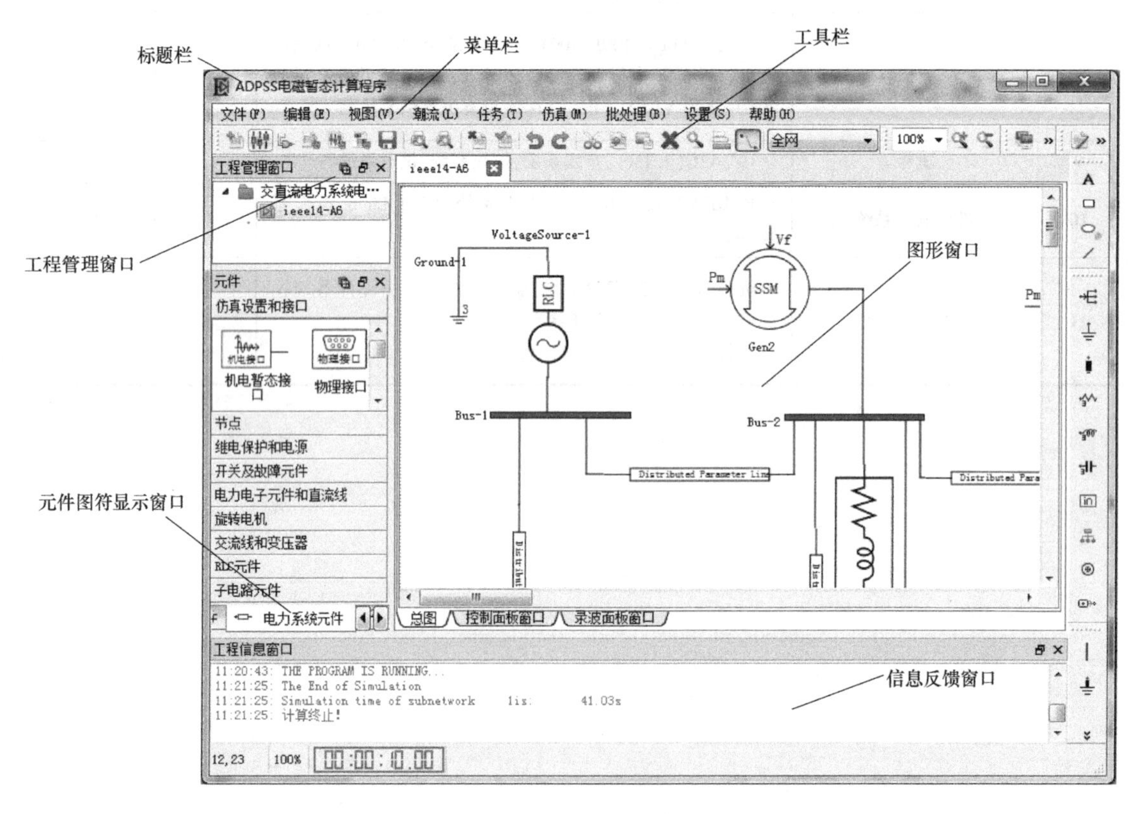

图 2-1　电磁暂态计算主框架界面

1. 标题栏

标题栏显示程序名，例如 ADP SS 电磁暂态计算程序。

2. 菜单栏

菜单栏位于主窗口顶部，包括完成各种操作的菜单命令。如图 2-2 所示。各子菜单如下。

文件(F) 编辑(E) 视图(V) 潮流(L) 任务(T) 仿真(M) 批处理(B) 设置(S) 帮助(H)

图 2-2 菜单栏

(1) 文件菜单

文件菜单包含电磁暂态工程的建立、保存、打印、关闭等功能操作，如图 2-3 所示。

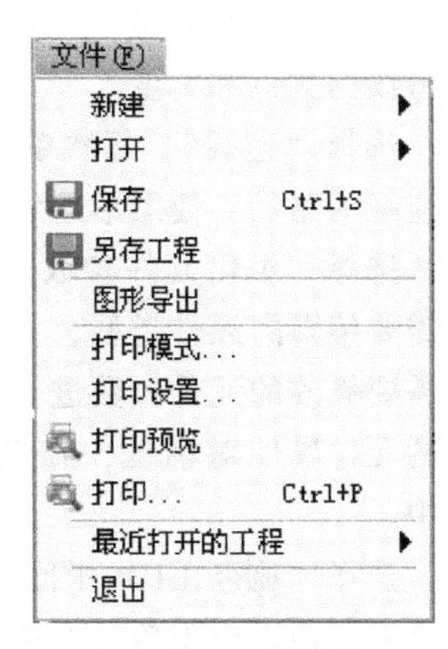

图 2-3 文件菜单

选择“新建”，可以新建三种电磁暂态程序，包括电磁暂态工程、用户自定义元件 UDM、子电路模板。

选择“打开”，可以打开三种电磁暂态程序，包括电磁暂态工程、用户自定义元件 UDM、子电路模板。

选择“保存”，可以保存当前处于激活状态的工程信息。

选择“另存工程”，可以将工程另存在指定路径的文件夹下。

选择“图形导出”，将当前工程的图形保存到指定路径的文件夹下。

选择“打印模式”，可以设置需要打印的工程内容，包括打印监视曲线、打印元件图符两种模式。

选择“最近打开的工程”，可以看到最近打开的五个工程，单击相应的工程名称可以直接打开该工程。

选择“退出”，退出电磁暂态程序，并提示保存发生变化的工程。

(2) 编辑菜单

编辑菜单包括常用的编辑操作以及颜色宽度设置和元件参数编辑等，如图 2-4 所示。

图 2-4 编辑菜单

选择“撤销”，撤销最近的图形编辑操作。最多支持 10 次撤销。

选择“重做”，重复上一次编辑操作。最多支持 10 次重做。

选择“后退”，用于有子电路和 UDM 的算例在不同界面间的切换，进行“后退”操作，将返回上一次打开的界面。

选择“前进”，用于有子电路和 UDM 的算例在不同界面间的切换，与“后退”的效果相反。

选择“剪切”，剪切所选择的图形对象。剪切内容可用于粘贴。

选择“拷贝”，复制所选择的图形对象。相同窗口和不同窗口之间均可复制元件及元件组。

选择“粘贴”，在指定位置粘贴所复制的图形对象。

选择“删除”，删除所选择的图形对象。删除的内容不可用于粘贴。

选择“全选”，选择当前窗口全部电路元件。全选之后可用鼠标直接移动电路元件位置。

选择“查找”，弹出“查找”对话框，可查找元件或信号。输入需要查找的元件名/信号名，单击“查找”，查找到的元件/信号在下方空白处显示。

选择“颜色宽度”，弹出“颜色与宽度”对话框，通过该对话框，可以根据电压等级设置母线的颜色和宽度。

选择“连线”，每次单击鼠标左键，则形成一个连线转折点。这种连线模式可以任意规划连线的路径，使图形连线方式美观。

选择“编辑元件参数”，弹出“元件编辑”对话框，在“元件类型”的下拉列表中选择需要编辑的元件类型，如“母线”，窗口将列出当前工程中所有该类型的元件，可以直接对需要修改的元件参数进行修改；也可以选中需要修改的元件行，单击“元件属性”，在弹出的元件属性对话框中修改相应的参数。修改后的参数自动更新到工程中对应的元件参数中。

选择“刷新UDM中间变量”，当UDM的中间变量信号连接关系更改或原中间变量名被修改后，如果出现信号连接关系混乱的情况，可使用此功能刷新中间变量，整理中间变量信号的连接关系。

选择“检查连线”，检查元件之间连线是否完整，会在信息反馈窗口提示“元件×有热点悬空”，排除虚连接假象。

选择“检查UDM连线”，检查是否存在同一元件的多个输入端子从单一信号位置获取输入的情况，以及多个位置的UD功能框输出传递给同一个UD输出节点的情况。如果存在以上两种情况，将给予提示。

选择“更改元件名”，统一为整个算例中带有相同前缀或后缀名的元件（包含元件信号）或UD（包含UD信号）替换命名。

（3）视图菜单

视图菜单包含的功能如图2-5所示。

单击“放大”，放大当前窗口图形显示比例，最大放大比例为800%。

单击“缩小”，缩小当前窗口图形显示比例，最大缩放比例为10%。

单击“选择缩放”，在图形窗口可按照鼠标绘出的矩形区域缩放。

单击“正常”，按100%缩放比例显示图形。

单击“全图”，显示整个页面图形。

通过勾选/取消“工程管理窗口”，可以在主界面显示/不显示工程树管理窗口。

通过勾选/取消“元件窗口”，可以显示/不显示元件窗口。

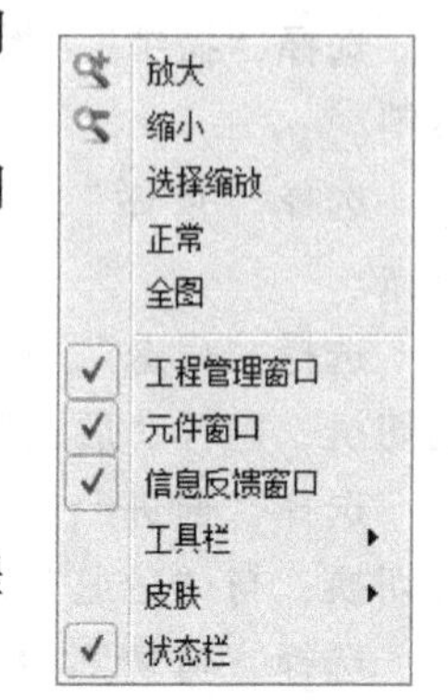

图2-5 视图菜单

通过勾选/取消“信息反馈窗口”，可以显示/不显示信息反馈窗口。

单击“工具栏”，通过勾选/取消操作，可以显示/不显示各工具栏，如任务、仿真、常用、注释元件和缩放工具栏等。

(4) 仿真菜单

仿真菜单包含的功能如图 2-6 所示。

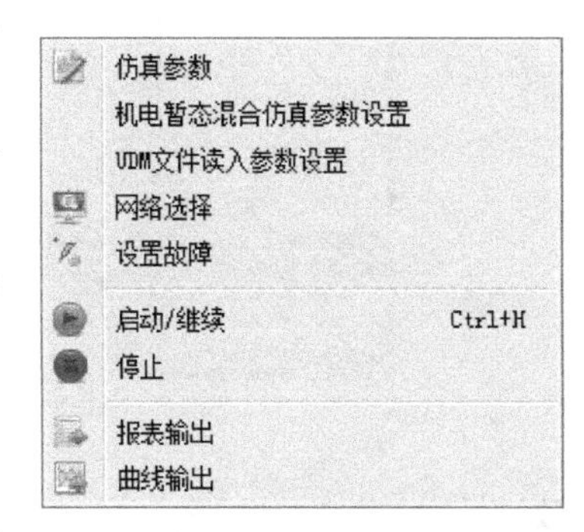

图 2-6 仿真菜单

选择“仿真参数”，弹出“仿真设置和接口”对话框，设置与仿真和接口相关的参数。

选择“机电暂态混合仿真参数设置”，弹出“机电暂态混合仿真参数设置”对话框。

选择“启动/继续”，启动电磁暂态仿真计算或在暂停后继续电磁暂态仿真计算。

选择“停止”，停止电磁暂态仿真运行。

选择“报表输出”，以报表形式显示仿真结果。

选择“曲线输出”，在曲线阅览室中以曲线形式显示仿真结果。

(5) 设置菜单

设置菜单包含的功能如图 2-7 所示。

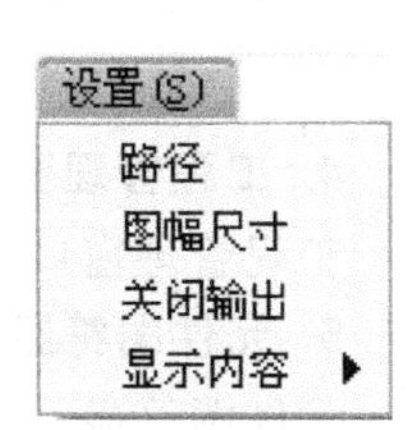

图 2-7 设置菜单

选择“路径”，设置工程默认路径。

选择“图幅尺寸”，弹出“画布设置”对话框，设置当前图形页面大小。

选择“关闭输出”，关闭当前工程中所有监视变量的输出，仿真过程中将不记录相关变量数据，曲线和报表无法查看。此功能用于装置实验时对实时性的特殊要求。

3. 工具栏

位于菜单栏下方，包含若干常用的操作命令，用户可以直接单击完成操作，无须从下拉菜单中选取。也可以根据需求拖动工具栏到指定的位置。程序包含七个工具栏，分别是停靠在窗口上方的常用工具栏、缩放工具栏、任务工具栏和仿真工具栏，以及停靠在窗口右方的注释元件工具栏和两个常用元件工具栏，各工具栏的显示内容可由用户自行配置，如图 2-8 所示。

常用工具栏中各个图标表示的意义依次是新建工程、新建子电路模板、新建 UDM、打开工程、打开子电路模板、打开 UDM、保存、打印预览、打印、撤销、重做、后退、前进、剪切、拷贝、粘贴、删除、查找元件、颜色宽度、连线以及当前的仿真网络。它们与菜单栏中相应项的功能一致。

缩放工具栏中各个图标表示的意义依次是画布放大比例下拉框、放大当前窗口图形显示、缩小当前窗口图形显示。它们与菜单栏中相应项的功能一致。其中，选中比例下拉框的任何一个比例画布将按照该比例放大或缩小。

任务工具栏中各个图标表示的意义依次是机群系统配置、网络分割方案定义、图上分网、清除当前网络分割方案的信息、清除全部网络分割方案的信息、导出通信装置信息、子网任务分配、任务提交、显示网络分割信息以及网络选择。它们与菜单栏中相应项的功能

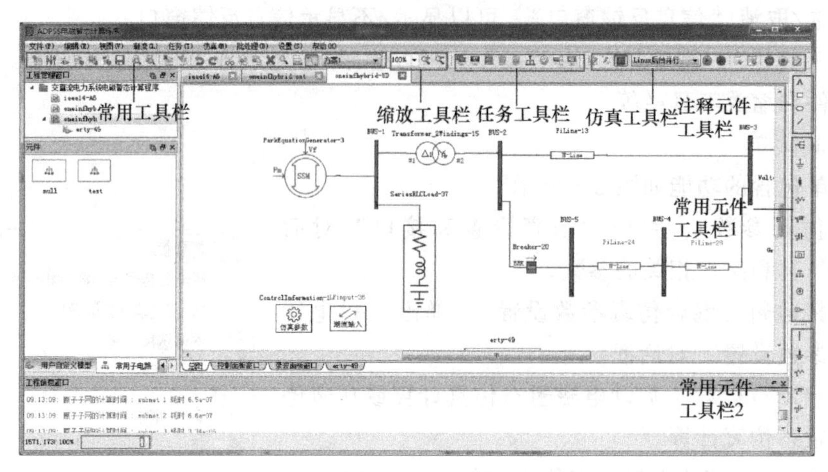

图 2-8　工具栏

一致。

仿真工具栏中各个图标表示的意义依次是仿真参数设置、设置故障、划分子电路、计算方式选择、启动/继续本地计算、停止工程仿真运行、报表输出、曲线输出、启动录波、停止录波以及录波参数设置。它们与菜单栏中相应项的功能一致。

注释元件工具栏中的四个图标表示的意义依次是文本注释、矩形注释、椭圆注释和线段。

4. 工程管理窗口

工程管理窗口负责管理打开的工程，可以切换或关闭工程。

5. 元件图符显示窗口

元件图符显示窗口以 Tab 页管理五种元件库，分别是常用元件、电力系统元件、电子控制元件、用户自定义模型和常用子电路。

选中系统元件库中的某一具体元件时，可通过拖动元件库中的元件到图形窗口，在图形窗口中绘制一个新的元件。

6. 信息反馈窗口

采用浮动窗口形式，位置可跟随鼠标的拖动而进行相应移动。该窗口在默认状态下是打开状态，位置在整个程序的下部；可以直接关闭该信息反馈窗口，也可以通过选择菜单项“视图”→“信息反馈窗口” 进行关闭或打开操作。

7. 图形窗口

图形窗口，也称画布，是程序中的主要区域，它是多文档窗口。当有多个工程打开时，各工程以 Tab 页的形式显示，通过单击 Tab 页上的工程名，可以激活相应的工程。若工程中含有自定义模块或者子电路，则所有的自定义模块和子电路在该工程画布的底端以 Tab 页显示，通过单击相应的名称可以进入模块内部进行查看或者修改。

不同的工程间可以进行复制、粘贴等操作。

2.1.2　仿真过程中的实时录波功能

1. 录波面板元件

录波面板窗口固定在画布底端的 Tab 页中，用鼠标左键单击录波面板窗口，即可出现视图菜单。在画布上单击鼠标右键，则出现“添加视图”选项。

单击“添加视图”，曲线监视面板上将增加一个曲线录波窗口，如图 2-9 所示。

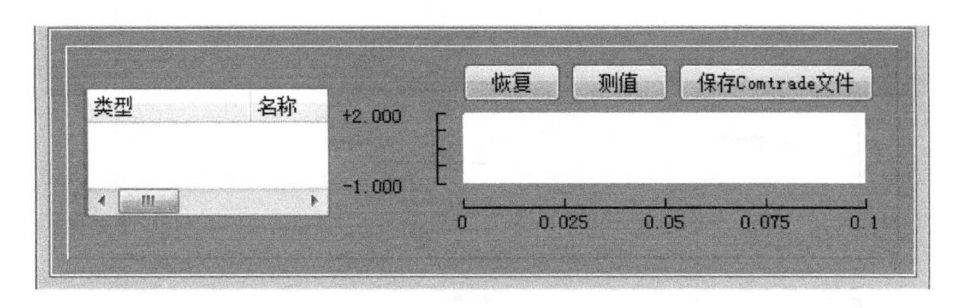

图 2-9　曲线录波窗口

此时右键单击该窗口，弹出窗口菜单，如图 2-10 所示。

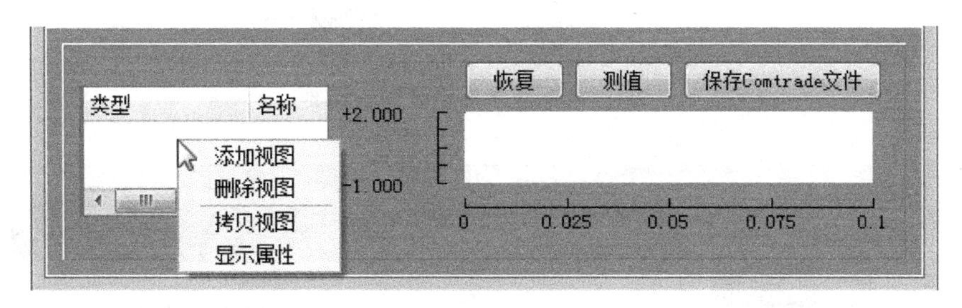

图 2-10　窗口菜单

单击“添加视图”，可继续在面板上增加监视窗口，各窗口按添加顺序由上至下排列。

单击“删除视图”，可删除鼠标所指的监视窗口。

单击“拷贝视图”，可复制鼠标所指的监视窗口的各属性。此时右键单击监视面板，弹出的视图菜单中将包含“粘贴视图”选项，左键单击该项，将在所有视图的下方增加新视图，其属性与被拷贝视图的属性完全一样。

2. 录波参数设置

单击仿真工具栏最右侧的，弹出“录波参数设置”对话框，如图 2-11 所示。

1）采样倍率：录波采样周期与仿真步长的倍数，正整数值；采样倍率右侧的只读文本框显示计算得到的采样频率，当用户修改采样倍率数值时，该只读文本框随即变化。例如，仿真步长为 50μs，采样倍率为 4，则录波采样频率为 1/50μs/4 = 5000Hz。

2）预录波时间：触发录波时，计算程序不仅可以将录波触发时刻以后的信号波形记录下来，而且还可以根据要求将录波触发时刻以前一定时间长度的信号波形也完整地记录下来。预录波时间用于设置触发前录波的时间长度，单位为 s。

3）录波时间：设置触发录波后记录的信号波形时间长度，单位为 s。

4）录波启动方式：目前仅手动触发一种方式。

3. 启动/取消录波

计算启动后，单击工具栏中的启动录波图符，录波元件在其右部区域依据“录波曲线属性设置”中的设置动态绘制变量的录波曲线，如图 2-12 所示。

图 2-11 “录波参数设置”对话框

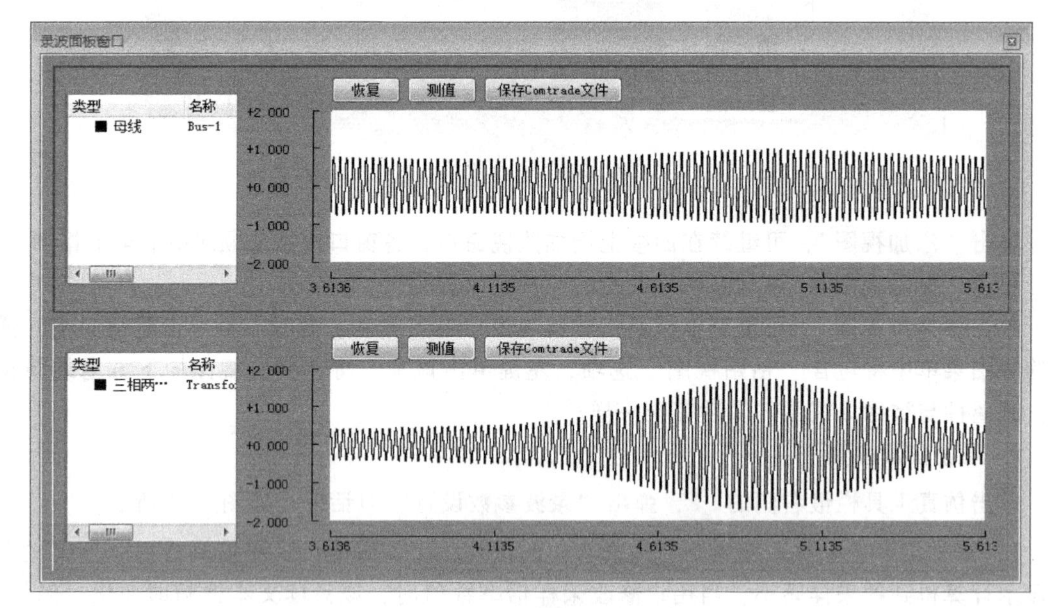

图 2-12 录波曲线

在视图控件上，用户在波形上拖曳矩形框可以放大选中的波形。

单击“恢复”或者双击视图，录波视图将恢复至初始坐标状态，实验者也可以单击右键选择“视图设置”，在弹出的对话框中设置视图的横坐标和纵坐标。

单击“测值”，视图窗口出现光标，拖动光标可以实时显示录波曲线的数据信息，再次单击“测值”，光标消失。

单击“保存 Comtrade 文件”，可以将录波曲线数据以 .dat 的格式导出，同时生成 .cfg 的配置信息文件。

单击工具栏中的取消录波图符 ，可以取消当前正在进行的录波功能。

2.1.3　仿真过程中的控制

仿真过程中的控制功能由控制面板元件、滚动条、拨号盘、开关以及按钮共同完成。滚动条、拨号盘、开关和按钮设定受控元件信息，控制面板实现信号控制。需要注意的是，当受控元件本身已受控于 UDM、其他控制类元件或自身参数设置（如时控开关的开关动作参数），控制面板上的元件将不会起到控制作用。

控制面板窗口与录波面板窗口一样被固定在画布底端的 Tab 页中。

1. 控制面板元件

从元件库的监控类元件中将控制面板元件拖至画布，右键单击面板，弹出监控菜单，如图 2-13 所示。

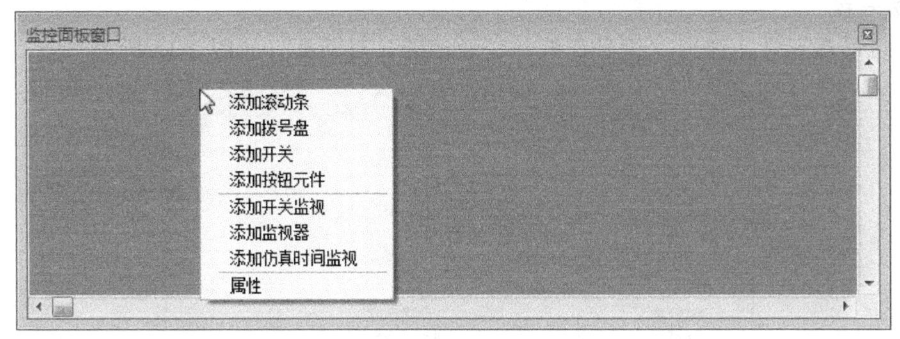

图 2-13　监控菜单

单击“添加滚动条”、“添加开关”或“添加按钮元件”，控制面板上将增加相应的控制部件，从左到右依次是滚动条、拨号盘、开关和按钮元件。

2. 滚动条

双击滚动条元件，弹出“滚动条控制变量设置”对话框，如图 2-14 所示。

图 2-14　“滚动条控制变量设置”对话框

1）元件名称：输入滚动条元件名称。
2）说明：滚动条元件说明。
3）最大值：设置滚动条控制变量的最大值。
4）最小值：设置滚动条控制变量的最小值。
5）初值：设置滚动条控制变量的初始值。
6）受控元件类型：在下拉列表中选择受控元件的类型。
7）受控元件名：在下拉列表中选择受控元件。
8）受控信号名：在下拉列表中选择受控的信号。
9）初值是否有效：设置初值有效或无效。
10）数据采集方式：设置数据采集方式，可以设置为连续型或释放型。

3. 拨号盘

双击拨号盘元件，弹出“拨号盘控制变量设置”对话框，如图 2-15 所示。

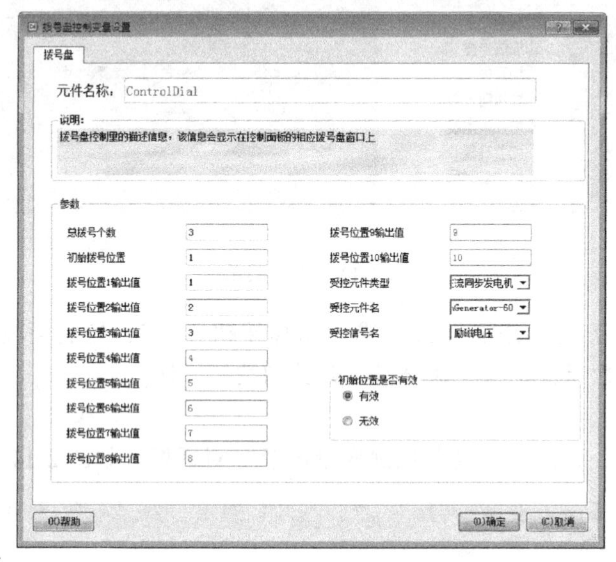

图 2-15 “拨号盘控制变量设置”对话框

1）元件名称：输入拨号盘元件名称。
2）说明：拨号盘元件说明。
3）总拨号个数：设置拨号盘总拨号个数，1～10。
4）初始拨号位置：设置拨号盘指针的初始位置。
5）拨号位置 1～10 输出值：设置拨号盘指针 1～10 各位置的输出值。
6）受控元件类型：在下拉列表中选择受控元件的类型。
7）受控元件名：在下拉列表中选择受控元件名。
8）受控信号名：在下拉列表中选择受控的信号。
9）初始位置是否有效：设置初始位置有效或无效。

4. 开关

双击开关元件，弹出“开关控制变量设置”对话框，如图 2-16 所示。

受控信号名包含以下几种：

图 2-16　“开关控制变量设置”对话框

1）开关置位：信号为 0 时，开关处于关断状态（如果开关原处于导通状态，开关置位信号为 0，则开关关断；如果开关原处于关断状态，开关置位信号为 0，则开关保持关断状态）；信号为 1 时，开关处于导通状态（如果开关原处于关断状态，开关置位信号为 1，则开关导通；如果开关原处于导通状态，开关置位信号为 1，则开关保持导通状态）。

2）开关动作：信号为 1，开关动作，状态取反。

3）开关跳闸：开关导通时，跳闸信号为 1，则开关动作，状态取反，开关关断；开关处于关断状态时，跳闸信号无效。

5. 按钮

双击按钮元件，弹出“按钮控制变量设置”对话框，如图 2-17 所示。

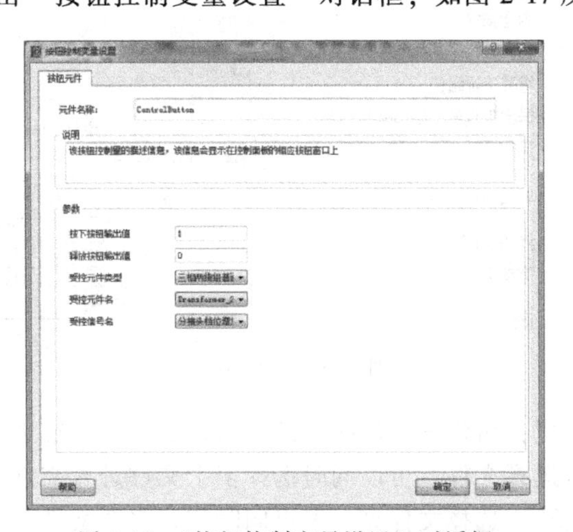

图 2-17　“按钮控制变量设置”对话框

按钮与开关的不同之处在于：开关在动作之后将持续输出该状态的值直到下一次动作；而按钮在动作期间（按钮按下）输出该状态的值，在动作结束（按钮释放）后则恢复原状态的值。按钮的释放操作在松开鼠标后自动完成。

2.1.4 曲线阅览室

1. 界面介绍

单击仿真菜单栏下的曲线输出菜单或者按钮，即进入曲线阅览室，如图 2-18 所示。曲线阅览室是为更好地满足 ADPSS 用户查看、编辑电磁暂态曲线的要求，自主开发的一套曲线查看、编辑工具。界面采用多窗口、跨文件（数据库）操作。

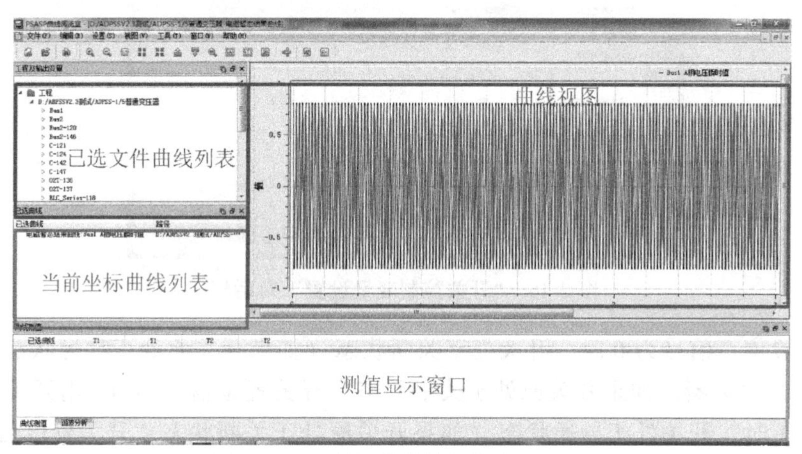

图 2-18 电磁暂态曲线阅览室主界面

2. 菜单栏

(1) 文件菜单

文件菜单包含的功能如图 2-19 所示。

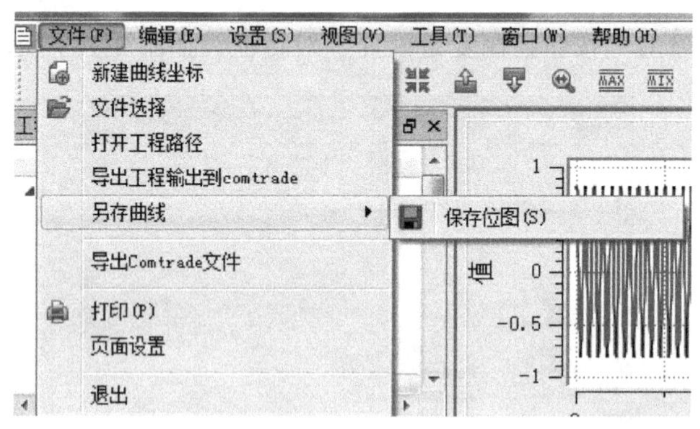

图 2-19 文件菜单

选择“新建曲线坐标”：新建一个曲线视图窗口，包含一个空坐标。

选择“文件选择”：选择文件，可以同时选择多个文件进入文件列表区。

选择“打开工程路径”：选择文件夹，可以同时打开多个文件夹，罗列在工程树中。

选择“导出工程输出到 comtrade”：将工程中的所有输出，另存为 comtrade 格式文件，并保存在一个文件夹中。

选择“另存曲线”—“保存位图”：将当前活动窗口（当前坐标）保存为指定的位图文件。

选择“导出 Comtrade 文件”：将当前视图中的曲线数据及配置信息保存到指定目录。

选择“打印”：打印视图中的曲线。

选择“页面设置”：进行页面设置。

选择“退出”：退出程序。

(2) 编辑菜单

编辑菜单包含的功能如图 2-20 所示。

选择“拷贝位图”：以位图格式，复制当前曲线坐标进入 Windows 剪贴板。

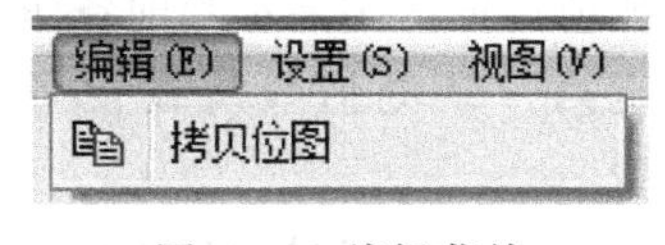

图 2-20 编辑菜单

(3) 设置菜单

设置菜单包含的功能如图 2-21 所示。

选择“选项”：设置当前视图属性。

选择“坐标轴”（X 轴、Y 轴、第二 Y 轴）：设置当前视图中的相应坐标轴属性（线型、线宽、颜色和样式等）。

选择“网格”：设置当前视图网格属性。

选择“曲线”：设置当前视图各曲线的属性。

选择“图例”：设置图例区属性（背景、前景颜色等）。

选择“绘图区”：设置绘图区属性。

选择“测值线”：设置测值线属性。

选择“保存为缺省设置”：将当前曲线、坐标样式信息保存为缺省设置，方便以后使用。

(4) 视图菜单

视图菜单包含的功能如图 2-22 所示。

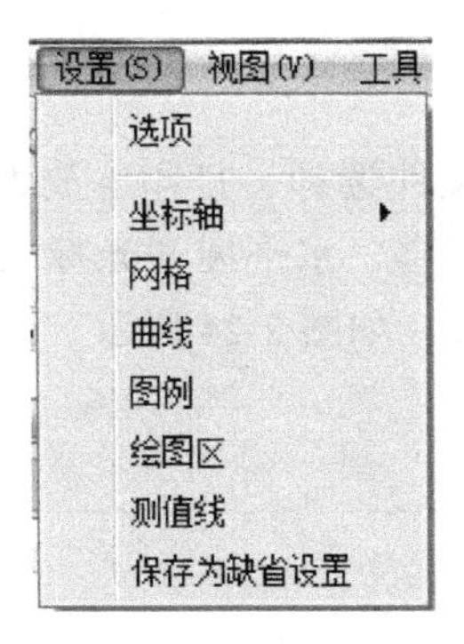

图 2-21 设置菜单

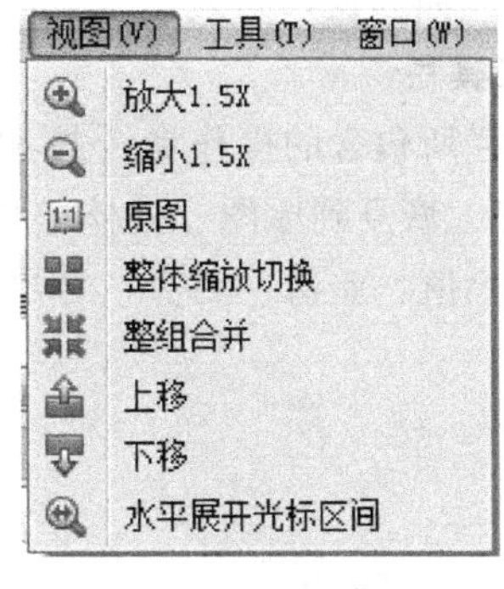

图 2-22 视图菜单

选择“放大 1.5X”：当前视图曲线坐标放大 1.5 倍。

选择“缩小 1.5X”：当前视图曲线坐标缩小 1.5 倍。

选择“原图”：恢复到未进行缩放时的原图。

选择“整体缩放切换”：选中之前所选择曲线视图窗口整体缩放，选中之后当前所选择曲线视图窗口单个缩放。

选择“整组合并”：将曲线视图中同一元件的 A、B、C 三相或其中两相输出合并到一个视图中。

选择“上移”：将选中的曲线视图向上移动。

选择“下移”：将选中的曲线视图向下移动。

选择“水平展开光标区间”：水平放大两条测值线所夹的曲线。

(5) 工具菜单

工具菜单包含的功能如图2-23所示。

选择“测值”：视图中显示测值线，在需要测值处单击鼠标可在测值反馈区中显示当前各曲线的值，支持两条测值线，鼠标左键确定第一条测值线所在位置，鼠标右键确定第二条测值线所在位置。

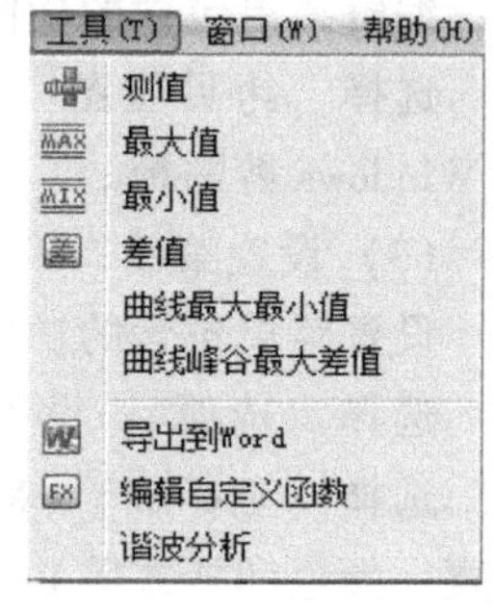

图2-23 工具菜单

选择“曲线最大最小值”：视图中曲线的最大、最小值。

选择“曲线峰谷最大差值”：视图中曲线的峰值和谷值的最大差值。

选择“导出到Word”：将所有曲线保存到Word中，方便撰写文档。

选择“编辑自定义函数”：通过自定义脚本函数编写，实现自定义变量输出。

选择“谐波分析”：主要将电磁暂态界面输出的瞬时电压或电流进行傅里叶分解，将其分解为基波和各次谐波的和，并给出基波和各次谐波的幅值、相位信息。

(6) 窗口操作菜单

窗口操作菜单包含的功能如下：

选择“层叠”：所有曲线窗口层叠。

选择“平铺”：所有曲线窗口平铺。

选择“关闭所有窗口”：关闭所有曲线窗口。

选择“曲线窗口列表”：当前打开的曲线窗口列表。

3. 工具栏

工具栏所包含的操作命令按顺序依次为新建曲线坐标、文件选择、打印、放大1.5X、缩小1.5X、恢复到原图、整体缩放切换、整组合并、上移、下移、水平展开光标区间、最大值、最小值、差值、测值、导出到Word以及编辑自定义函数，如图2-24所示。

图2-24 工具栏

2.1.5 结果输出

仿真结果输出分为曲线输出和报表输出两部分。

1. 曲线输出

单击仿真菜单下的曲线输出子菜单项或者按钮，即进入曲线阅览室。双击工程树中的输出变量，进行简单变量的曲线输出。

单击需要查看的曲线，该曲线会突出显示，利用曲线拖动放大功能，或测值线加水平缩放功能，放大所关注时间段部分的曲线。

通过单击菜单栏中的“原图”选项或者按钮 ，图形可恢复至原始曲线。

2. **报表输出**

单击仿真菜单的报表输出子菜单项或者仿真工具栏的工具按钮 ，弹出“报表输出”对话框，选择输出变量到已选项中，然后选择输出方式进行输出。

2.2　3D-VR 软件操作指南

2.2.1　软件安装

基于三维虚拟现实技术及 ADPSS 仿真系统的本科教学实验平台的安装需要分两部分完成，一是安装电磁暂态实时仿真程序 ETSDAC，由实验指导教师操作；二是安装三维虚拟现实实验场景，由实验者操作。下面介绍三维虚拟现实实验场景的安装。具体步骤如下：

第一步：启动计算机进入 Windows 操作系统。

第二步：将基于三维虚拟现实技术及 ADPSS 仿真系统的本科教学实验平台安装光盘放入光驱，并且在“我的电脑”里打开光盘。

第三步：在光盘里选择“基于三维虚拟现实技术及 ADPSS 仿真系统的本科教学实验平台 . zip”文件，右键单击打开解压选项。

第四步：在弹出的快捷菜单中选择“解压到……”选项，打开解压“路径和选项”对话框。

第五步：选择解压路径即软件安装路径，单击“确定”即可。

第六步：程序开始复制文件并进行安装。

第七步：解压完毕后，解压界面自动关闭，此时软件安装已完成。

提示：如果系统中已经安装了相同版本的基于三维虚拟现实技术及 ADPSS 仿真系统的本科教学实验平台，建议先卸载后再安装。

按照以上步骤完成软件安装，在安装目录下即可看到软件的结构和内容，如图 2-25 所示。

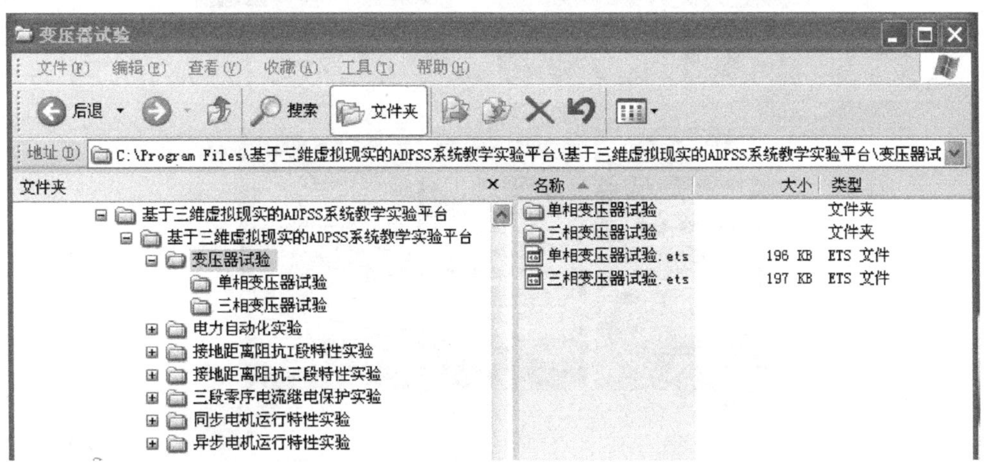

图 2-25　安装目录

软件包共包含七个文件夹，三大类实验，分别是变压器及电机实验、电力系统及其自动化实验和继电保护实验。变压器及电机实验包括同步电机实验、异步电机实验、单相变压器实验和三相变压器实验；电力系统及其自动化实验包括单机—无穷大系统稳态运行方式实验、单机带负荷实验、发电机有功/无功调节实验和电力系统故障分析实验；继电保护实验包括三段式零序过电流保护实验、三段式距离保护实验、距离保护Ⅰ段对比实验。每个文件夹下为相应的实验工程算例和3D模型及其相应的配置文件。

2.2.2 软件卸载

软件包提供了自动卸载功能，可以方便地卸载基于三维虚拟现实技术及ADPSS仿真系统的本科教学实验平台软件包的所有文件、程序组和快捷方式等。

另外也可使用系统卸载功能，方法步骤如下：

第一步：启动计算机进入操作系统。

第二步：依次打开“我的电脑”→“控制面板”，双击“添加/删除程序”选项。

第三步：在“更改/删除程序”选项页中选择“基于三维虚拟现实技术及ADPSS仿真系统的本科教学实验平台”，然后单击“更改/删除”按钮，选择卸载模式即可完成卸载。

按照上述方法步骤及操作提示可以快速地卸载基于三维虚拟现实技术及ADPSS仿真系统的本科教学实验平台。

2.2.3 软件使用

为了让数字仿真实验能够更好地模拟物理实验设备，每个实验的VR界面外观都尽量拟合物理设备的外观，因而每个实验的VR界面都不尽相同，但其操作类似。本节介绍VR界面的统一操作方法，其他依据实验项目不同而具有的特殊界面及其操作方法，则在各个实验项目的介绍中再具体阐述。

1. 软件主界面

在软件安装目录下，执行程序“实验系统.exe”，将会弹出实验终端主界面，如图2-26所示。

图2-26　实验终端主界面

根据当前实验课程的具体内容选择实验项目栏，鼠标单击该项目栏，就可以进入到相应的实验项目 VR 程序中。需要注意的是：

1）由于实验项目 VR 程序与 ADPSS 系统中运行的仿真模型一一对应，因此如果选择的项目栏与实际实验课程项目不吻合，虽然也能打开相应的 VR 程序，但是会造成通信失败，程序执行不正常。

2）如果此时 ADPSS 系统中的相应仿真模型还没有开始运行，或者网络环境有故障，则程序会弹出“告警”对话框，提示“无法连接后台”，单击“确定”按钮之后，程序返回到主界面。

如果单击“退出”按钮，则完全退出“实验系统 . exe”程序。

2. VR 程序界面

选择对应的实验项目栏单击后，程序会加载相应实验的三维虚拟现实场景。根据实验终端机的配置不同，该加载过程用时在 10s 到数分钟之间。

VR 程序加载完成后，即可进入三维虚拟现实场景进行仿真实验。三维虚拟现实场景仿真了一间实验室，以及实验室中摆放的实验台和（或）实验设备。在 VR 场景界面中，包括以下公共内容：

1）屏幕右下角显示实验项目的名称。

2）在实验过程中，按键盘上的“Esc”键，会弹出对话窗口，提示“程序即将退出”，窗口提供两个选择按钮——“是”和“否”，如果选择“是”，则 VR 程序退出，软件返回到主界面；如果选择“否”，则对话窗口消失，VR 程序继续运行。

3）屏幕右上角有两个按钮：“帮助文档”和“操作说明”。单击[帮助文档]按钮，将会显示本次实验的说明文档 PDF 文件（需要操作系统中安装的 PDF 浏览器软件支持）；单击[操作说明]按钮，将会弹出一个简易的 VR 界面键盘和鼠标操作示意图。

3. VR 界面键盘与鼠标操作简介

单击“操作说明”按钮后，会出现如图 2-27 所示的示意图。

1）通过键盘可以实现在 VR 场景中前后移动以及左右旋转，共有两组按键定义，分别是“W”、“A”、“S”、“D”键和四个方向（箭头）键，分别适合左右手操作。

2）另外，“Q”、“E”、“F”键可以实现 VR 场景的整体向上平移、向下平移以及前后切换。对于有设置选项的实验项目，如继电保护实验，“M”键可用于显示和隐藏设置界面。

3）按住鼠标左键不放，移动鼠标，可以实现 VR 场景的旋转；按住鼠标右键不放移动鼠标，可以实现 VR 场景的前后移动；对于三键鼠标，按住中间键不放移动鼠标，可以实现 VR 场景的上下左右平移；而滚动中间的按键，则可以实现 VR 界面的放大和缩小显示。

上述 VR 界面的键盘和鼠标操作功能设置与常见的游戏程序设置一致，实验者可通过多加练习，熟练操作。

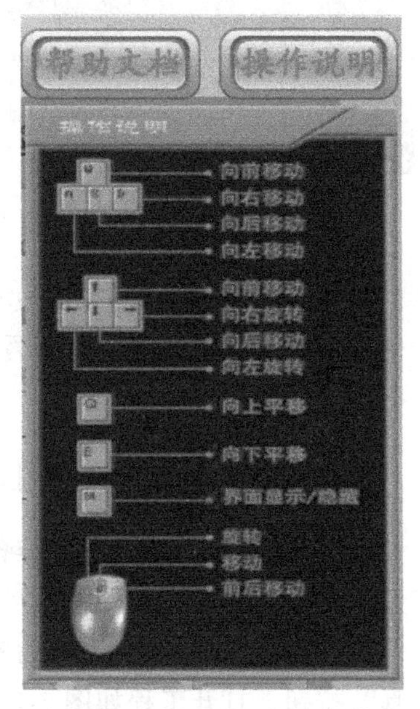

图 2-27　VR 实验界面操作说明

第 3 章　变压器及电机实验

3.1　变压器及电机实验界面和操作说明

变压器及电机实验包括单相变压器实验、三相变压器实验、同步电机实验和异步电机实验。四个实验的实验界面相同，称为电机及电器技术实验装置，如图 3-1 所示。

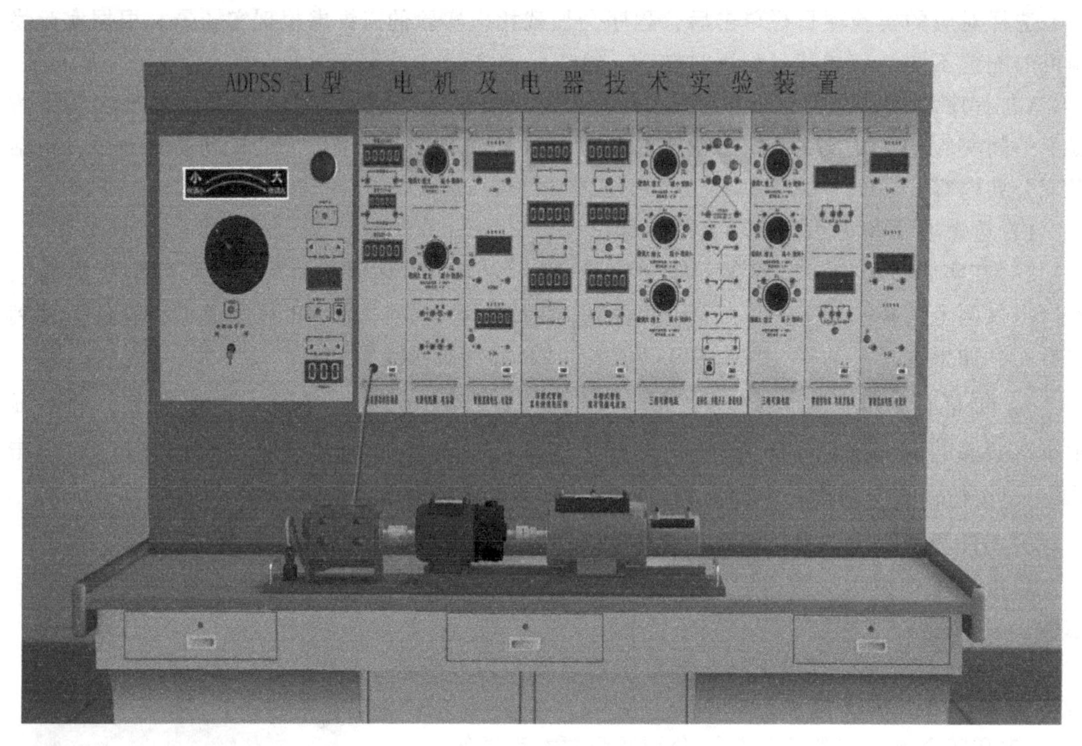

图 3-1　电机及电器技术实验装置

图 3-1 实验平台为虚拟现实的三维效果视图，下面介绍本实验平台面板内容的主要操作方法。由于本平台是本科实验教学平台，实验指导教师的操作与实验者的操作不同，下面逐一介绍。

3.1.1　实验指导教师操作说明

1）实验开始前先要做好准备工作，确认三维虚拟现实实验平台和后台 ADPSS 仿真系统配置正确。

2）打开本节课将要进行的实验模型，正确提交到后台实时仿真机群，最后单击“开始仿真”按钮。打开工程如图 3-2 所示。

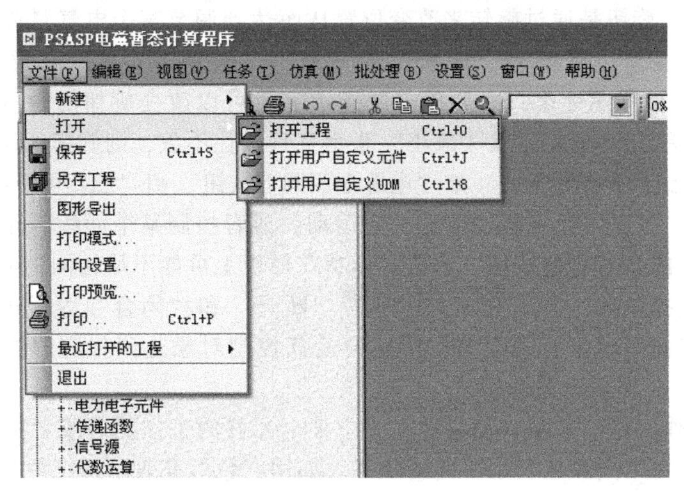

图 3-2 打开工程

3.1.2 实验者操作说明

实验过程中，实验者必须严格按照实验步骤在三维虚拟现实实验平台上完成一系列的实验操作，完成实验内容获得实验结果。实验者的操作主要是在三维虚拟现实实验平台上进行。下面介绍三维虚拟现实实验平台的主要内容和操作技巧。

三维虚拟现实实验平台如图 3-3 所示。平台上不同的面板可以完成特定的功能，如“三相可调电阻”“三相电压表”“直流电流表”等。整个实验平台的所有面板都由旋钮、开关、指示灯、仪表和接线端子组成。

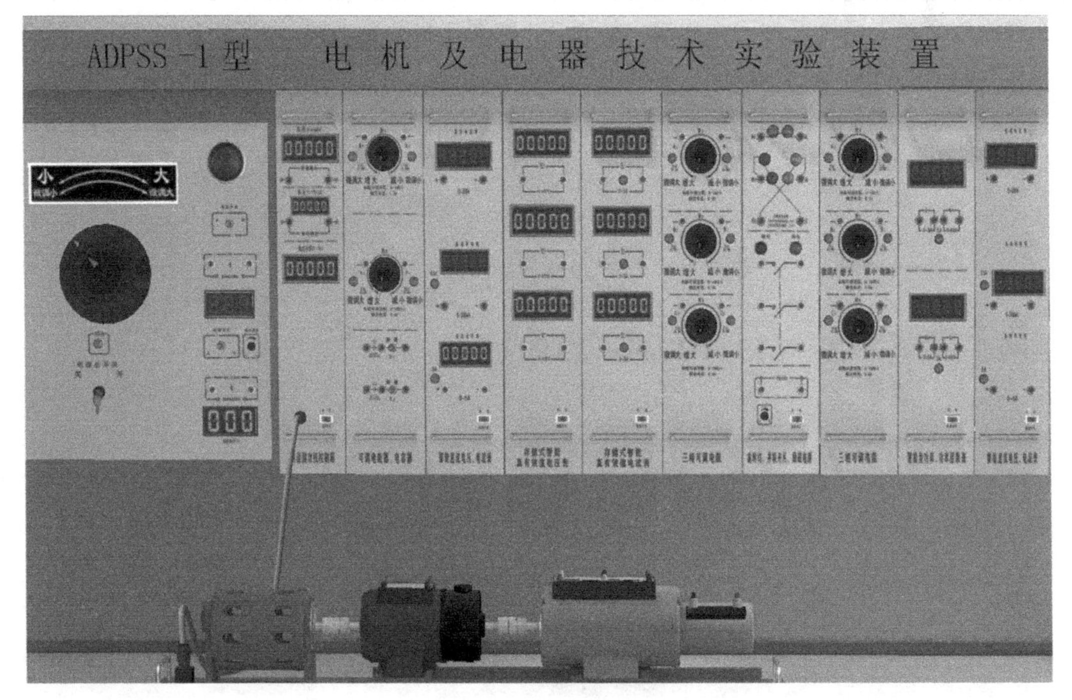

图 3-3 三维虚拟现实实验平台

1）旋钮操作。旋钮是通过旋转来改变位置从而达到调节某个电气量或者某个元件参数大小的目的。在其相应位置都有“增大”和“减小”的调节指示。只要将鼠标放在“增大”或者“减小”的指示字上，然后单击此指示字就可以改变旋钮的位置，从而改变其控制量的大小。如果单击“增大”或“减小”指示字且按住不放，则旋钮的位置可以一直平滑地增大或减小，直到松开鼠标为止，如“电源电压调节按钮”和“三相可调电阻按钮”。

2）开关操作。开关是用来控制实验平台启动，或者控制某个面板工作与否，或者控制实验中某个开关的闭合与否的按钮。虽然其形状在面板上可能不尽相同，但可以肯定开关都有两个位置可以选择，如“开”和“关”或者“断开”和“闭合”等形式。只要将鼠标放在相应位置上，单击指示字，则开关按钮就会使其控制对象达到相应的位置或者状态，如“仿真平台总开关”“面板开关”等。

3）指示灯操作。指示灯是自动显示实验中某个元件的工作状态或者指示实验中某个特定状态的灯，一般用不同颜色表示不同的状态。如用红色灯亮表示系统中某个开关闭合，用绿色灯亮表示开关断开。指示灯根据系统或者元件的状态自动显示，不需要人为操作。

4）仪表操作。仪表是用来显示实验中要求读取或者记录的数据的表计。本平台中仪表都可以显示五位数，并且能精确到小数点后两位。如“交流电压表”“直流电流表”“智能三相功率”“功率因数表”等。在实验中，只要仪表接线正确，就可以自动正确地显示其测量的数据，不需要额外操作。

5）端子操作。端子是在本平台上使用最多的元件，用来完成实验接线。实验平台面板上所有的元件，即所有的旋钮、开关、指示灯、仪表都有不同数量的端子，从而可以通过导线和端子将任意不同的元件连接在一起。只要在某个元件的某个端子上双击鼠标左键，然后再在另外任何一个元件的某个端子上双击鼠标左键，那么在这两个端子之间就会出现一条导线，将这两个元件连接起来；如果出现接线错误，在某根已经存在的导线上双击鼠标左键，就会移除该导线，两个元件不再连接。如图 3-4 和图 3-5 所示。

图 3-4　端子接线图 1

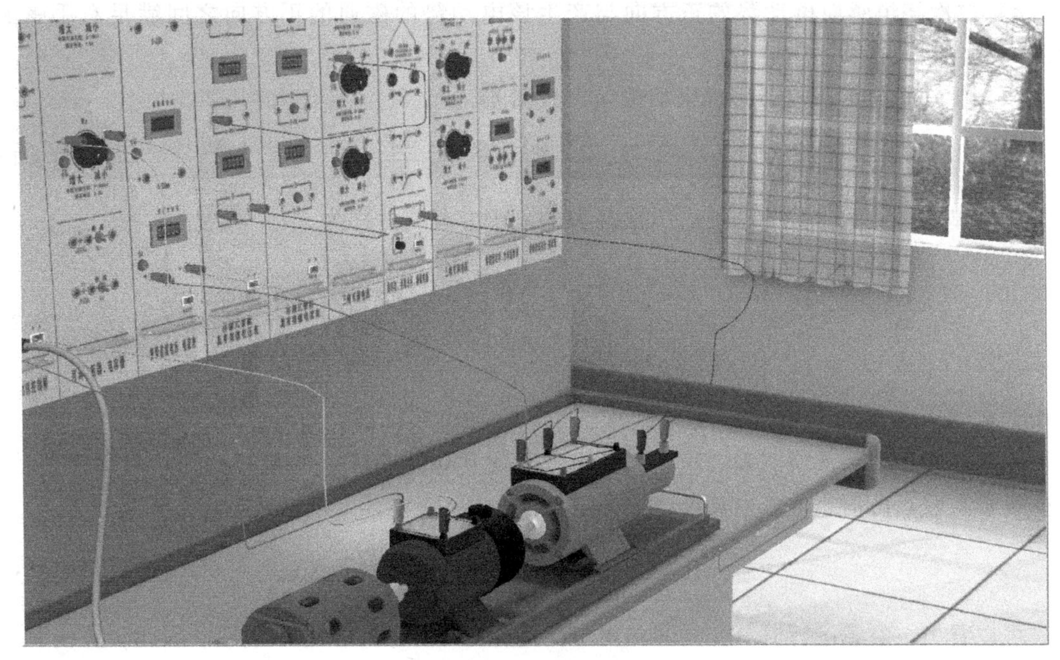

图 3-5　端子接线图 2

由上可知，如此方便的接线方式可以完成任意形式的接线，组成任意形式的电路，可以帮助实验者完成电力系统及其自动化专业本科教学变压器及电机方面的教学实验，如同步电机实验、异步电机实验、单相变压器实验和三相变压器实验等。

3.2　变压器实验

3.2.1　单相变压器实验

1. 实验目的

1）通过空载和短路实验测定变压器的电压比和参数。

2）通过负载实验测取变压器的运行特性。

2. 实验原理

（1）变压器空载运行

变压器一次绕组接交流电源、二次绕组开路（负载电流为零）的运行方式，称为空载运行。当一次绕组外施交流电压 u_1、二次绕组开路时，一次绕组内将流过电流 i_{10}，称为变压器的空载电流，空载电流 i_{10} 产生交变磁动势 $N_1 i_{10}$，并在铁心中建立同时交链一次、二次绕组的交变磁通 Φ，该磁通在一次、二次绕组中分别产生交变电动势 e_1 和 e_2。

为便于分析，规定变压器空载时各量的正方向之间满足如下关系：

1）一次电流的正方向与电源电压的正方向一致。

2）一、二次电流的正方向和磁通正方向之间满足右手螺旋关系。

3）一次绕组感应电动势的正方向与产生该电动势的磁通的正方向之间满足右手螺旋关系，所以感应电动势的正方向与电流的正方向一致。

4）二次绕组感应电动势的正方向与产生该电动势的磁通的正方向之间满足右手螺旋关系。

根据上述正方向规定，感应电动势 e_1、e_2 分别为

$$e_1=-N_1\frac{\mathrm{d}\Phi}{\mathrm{d}t},\quad e_2=-N_2\frac{\mathrm{d}\Phi}{\mathrm{d}t} \tag{3-1}$$

根据基尔霍夫第二定律，一、二次绕组的电压方程式分别为

$$\begin{cases}u_1=i_{10}R_1-e_1=i_{10}R_1+N_1\dfrac{\mathrm{d}\Phi}{\mathrm{d}t}\\u_{20}=e_2=-N_2\dfrac{\mathrm{d}\Phi}{\mathrm{d}t}\end{cases} \tag{3-2}$$

式中，R_1 为一次绕组的电阻；u_{20} 为二次绕组的空载电压（即开路电压）。

在变压器中，一次绕组和二次绕组的电动势之比称为变压器的电压比，一般用 k 表示。在变压器空载运行时，空载电流所产生的电压降 $i_{10}R_1$ 很小，可以忽略不计，于是

$$\left|\frac{u_1}{u_{20}}\right|\approx\frac{e_1}{e_2}=\frac{N_1}{N_2}=k \tag{3-3}$$

可以看出，空载运行时，变压器的电压比近似等于一、二次电压之比。因此，要使一次和二次绕组具有不同的电压，只要使它们具有不同的匝数即可，这就是变压器能够“变压”的原理。

（2）变压器负载运行

变压器一次绕组接交流电源、二次绕组接负载阻抗 Z_L 时，二次绕组就有电流流过，称为变压器的负载运行。此时作用在变压器铁心上的磁动势为一次绕组和二次绕组的合成磁动势，合成磁动势产生同时交链一、二次绕组的主磁通 Φ_m。为分析方便，需规定变压器负载运行时各物理量的正方向。这里只规定二次电流 i_2 及电压 u_2 的正方向，其他各物理量正方向的规定与变压器空载运行时相同。二次绕组内电流的正方向与二次绕组电动势的正方向一致；二次绕组端电压的正方向与电流正方向一致。

变压器空载运行时，一次绕组中的空载电流 i_{10} 产生磁动势 $i_{10}N_1$ 并建立主磁通 Φ，主磁通在一次、二次绕组内分别产生感应电动势 e_1、e_2，变压器处于电磁平衡状态，各物理量的大小均为确定值。如果在变压器二次侧接负载阻抗 Z_L，则二次绕组内就有电流 i_2 流过，产生磁动势 i_2N_2，由于磁动势 i_2N_2 同时作用于铁心磁路，因此铁心内的主磁通 Φ 发生改变，导致一次绕组内的感应电动势 e_1 发生改变，从而打破了原有的电磁平衡。在电源电压 u_1 和电阻 R_1 不变的情况下，e_1 的改变将导致一次电流发生变化，由空载时的 i_{10}（$=i_m$）变化为 i_1。考虑到电源电压 u_1 为常值，且一次绕组电阻很小，所引起的电阻压降在变压器负载运行时可以忽略不计，因此负载运行时的主磁通与空载时相同，即 Φ_m 约为常值，所以产生这一主磁通的负载磁动势 $N_1i_1+N_2i_2$（一次绕组和二次绕组磁动势之和）与空载时一次绕组的磁动势 N_1i_m 相等，即

$$N_1i_1+N_2i_2=N_1i_m \tag{3-4}$$

由上式得

$$i_1=i_m-\frac{N_2}{N_1}i_2=i_m+i_{1L} \tag{3-5}$$

式中，$i_{1L}=-\frac{N_2}{N_1}i_2$，也可表示为

$$N_1i_{1L}+N_2i_2=0 \quad 或 \quad N_1i_{1L}=-N_2i_2 \tag{3-6}$$

可以看出，变压器负载运行时的电流 i_1 中除了用以产生主磁通的励磁电流 i_m 外，还将增加一个负载分量 i_{1L}，以抵消二次电流 i_2 的作用。式（3-6）表示了变压器负载运行时的磁动势平衡关系。

考虑到一、二次绕组的感应电动势之比为$\frac{e_1}{e_2}=\frac{N_1}{N_2}$，则

$$-e_1i_{1L}=e_2i_2 \tag{3-7}$$

式中，$-e_1i_{1L}$ 为变压器一次侧输入功率；e_2i_2 为变压器二次侧输出功率。因此，通过一、二次绕组的磁动势平衡和电磁感应关系，一次绕组从电源吸收的电功率就传递到二次绕组，并输出给负载，这就是变压器进行能量传递的原理。

(3) 变压器短路实验

变压器短路实验时，二次绕组短路，一次绕组上加一可调电压。由变压器简化等效电路可知，在变压器二次侧短路时，外加电压仅用来克服变压器中的漏阻抗压降，由于电力变压器的短路阻抗 Z_k 一般很小，因此施加很小的电压就会产生较高的短路电流。为了避免过大的短路电流损坏变压器绕组，外加电压应较低。从较低电压开始，调节外加电压，使短路电流达到额定电流，根据此时的一次电压 U_k、输入功率 p_k、输入电流 I_k，即可确定变压器的等效漏阻抗。

由于在额定短路电流时外加的电压很低，约为额定电压的 5%～10%，因此短路时变压器内的主磁通很小，励磁电流和铁耗都很小，采用简化等效电路可以较准确地表征变压器的短路运行。变压器的等效漏阻抗即为短路阻抗 Z_k，可以认为此时的损耗即为绕组铜耗，因此有

$$\begin{cases} |Z_k|\approx\frac{U_k}{I_k} \\ R_k=\frac{p_k}{I_k^2} \\ X_k=\sqrt{|Z_k|^2-R_k^2} \end{cases} \tag{3-8}$$

短路实验时，绕组的温度与实际运行时不一定相同，因此测出的电阻应换算到 75℃ 时的数值。若绕组为铜导线绕组，电阻换算公式为

$$R_{k(75℃)}=R_k\frac{234.5+75}{234.5+\theta} \tag{3-9}$$

式中，θ 为实验时的室温。

由于等效漏电抗与温度无关，75℃ 时的等效漏阻抗为

$$|Z_{k(75℃)}|=\sqrt{R_{k(75℃)}^2+X_k^2} \tag{3-10}$$

同空载实验，变压器短路实验既可在高压侧进行，也可在低压侧进行。但实际上短路实验一般在高压侧进行，这是因为高压侧的额定短路电流比低压侧低，测量小电流更容易、更

安全。因此，短路实验时得到的等效漏阻抗是折算到高压侧时的值。

短路实验时，使短路电流达到额定电流时所施加的电压 U_{1k} 称为阻抗电压。阻抗电压一般用额定电压的百分数表示，即

$$U_k=\frac{U_{1k}}{U_{1N}}\times100\%=\frac{I_{1N}|Z_k|}{U_{1N}}\times100\% \tag{3-11}$$

阻抗电压是变压器铭牌数据之一，它反映了变压器在额定负载下运行时漏阻抗压降的大小。从运行角度来看，希望阻抗压降小一些，以使变压器输出电压随负载变化小一些。但阻抗电压太小时，变压器短路时的电流太大，可能损坏变压器。

变压器的漏磁场分布十分复杂，所以要从测量的 X_k 中分离出 $X_{1\sigma}$ 和 $X'_{2\sigma}$ 很困难。由于工程上大多采用近似或简化等效电路来计算变压器的运行问题，因此通常没有必要分离 $X_{1\sigma}$ 和 $X'_{2\sigma}$。有时可以假定 $X_{1\sigma}=X'_{2\sigma}=X_k/2$。

3. 预习要点

1）变压器的空载和短路实验有什么特点？实验中电源电压一般加在哪一侧较合适？

2）在空载和短路实验中，各种仪表应怎样连接才能使测量误差最小？

3）如何用实验方法测定变压器的铁耗及铜耗？

4. 实验项目

（1）空载实验

测取空载特性 $U_0=f(I_0)$，$P_0=f(U_0)$。

（2）短路实验

测取短路特性 $U_k=f(I_k)$，$P_k=f(I)$。

（3）负载实验

1）纯电阻负载：保持 $U_1=U_{1N}$、$\cos\varphi_2=1$ 的条件下，测取 $U_2=f(I_2)$。

2）感性负载：保持 $U_1=U_{1N}$、$\cos\varphi_2=0.8$ 的条件下，测取 $U_2=f(I_2)$。

5. 实验方法

（1）空载实验

实验接线图如图 3-6 所示。

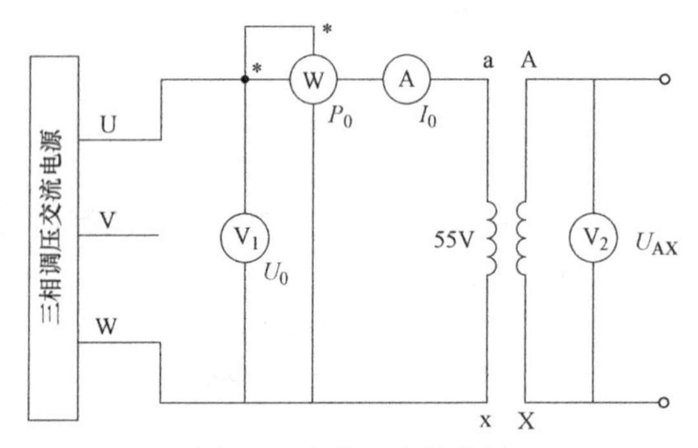

图 3-6 空载实验接线图

变压器 T 选用 DJ11 型三相组式变压器中的一相。实验时，变压器低压线圈 a、x 接电源，高压线圈 A、X 开路。

Ⓐ、V_1、V_2分别为交流电流表、交流电压表。具体配置因所采购设备型号的不同略

有差别。若设备为 MEL-Ⅰ系列，则交流电流表、电压表为指针式模拟表，量程可根据需要选择；若设备为 MEL-Ⅱ系列，则上述仪表为智能型数字仪表，量程可自动也可手动选择。仪表数量也会由于设备型号不同而不同。若电压表只有一只，则只能交替观察变压器的一、二次电压读数，若电压表有两只或三只，则可同时连接仪表进行测量。

Ⓦ为功率表，根据所采购设备型号的不同，功率表或在主控屏上或为单独的组件（MEL-20 或 MEL-24 系列），接线时，需注意电压绕组和电流绕组的同名端，避免接错线。

1）在三相交流电源断电的条件下，将调压器旋钮逆时针方向旋转到底。并合理选择各仪表量程。变压器 T 额定容量 $P_N=77W$；$U_{1N}/U_{2N}=220V/55V$；$I_{1N}/I_{2N}=0.35A/1.4A$。

2）闭合交流电源总开关，即按下绿色“闭合”开关，顺时针调节调压器旋钮，使变压器空载电压 $U_0=1.2U_N$。

3）在 $0.5\sim1.2U_N$ 范围内逐次降低电源电压；测量变压器的 U_0、I_0、P_0，取 6~7 组数据，记录于表 3-1 中。其中 $U=U_N$ 的点必须测量，并在该点附近密集取点测量。为了计算变压器的电压比，在 U_N 以下测量一次电压的同时测量二次电压，记录于表 3-1 中。

4）数据测量完毕后，断开三相电源，为下次实验做好准备。

表 3-1　空载实验数据

序号	实验数据				计算数据
	U_0/V	I_0/A	P_0/W	U_2	$\cos\varphi_2$
1					
2					
3					
4					
5					
6					
7					

（2）短路实验

实验接线图如图 3-7 所示（注意：每次改接线路时，一定要关断电源）。

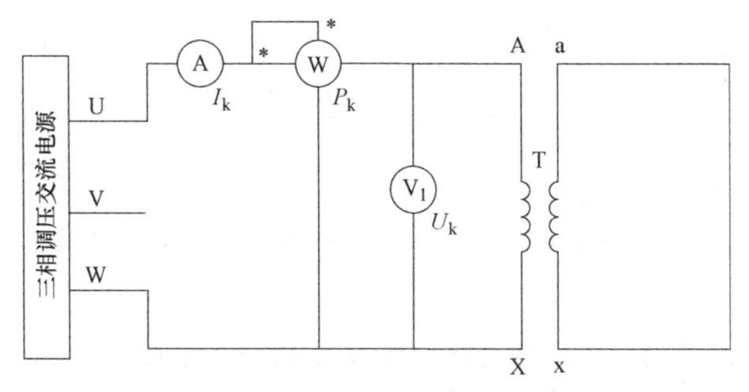

图 3-7　短路实验接线图

实验时，变压器 T 的高压绕组接电源，低压绕组直接短路。

Ⓐ、Ⓥ、Ⓦ分别为交流电流表、电压表、功率表，选择方法同空载实验。

1）断开三相交流电源，将调压器旋钮逆时针旋转到底，使输出电压为零。

2）按下绿色“闭合”开关，接通交流电源，逐次增加输入电压，直到短路电流等于 $1.1I_N$ 为止。在 $0.5\sim1.1I_N$ 范围内测量变压器的 U_k、I_k、P_k，共取6~7组数据，记录于表3-2中，其中 $I=I_k$ 的点必须测量。并记录实验时周围的环境温度。

表 3-2 短路实验数据

室温 θ=______℃

序号	实验数据			计算数据
	U/V	I/A	P/W	$\cos\varphi_k$
1				
2				
3				
4				
5				
6				
7				

（3）负载实验

实验接线图如图3-8所示。

变压器T低压绕组接电源，高压绕组经开关 S_1 和 S_2 接负载电阻 R_L 和电抗 X_L。R_L 选用MEL-03系列的两只900Ω电阻串联；X_L 选用MEL-08系列电抗；开关 S_1、S_2 选用MEL-05系列的双刀双掷开关；电压表、电流表、功率表（含功率因数表）的选择同空载实验。

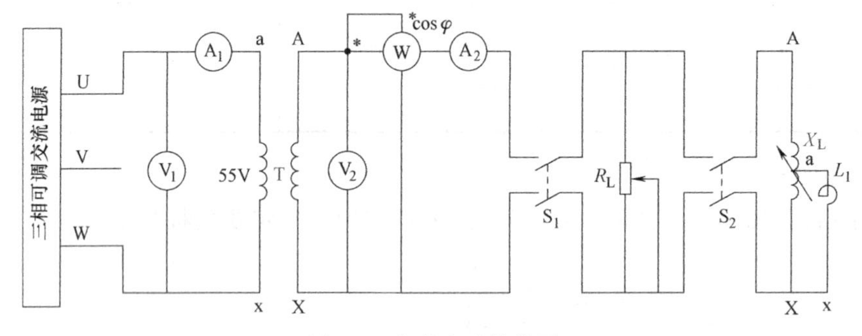

图3-8 负载实验接线图

1）纯电阻负载。实验步骤如下：

① 主电源未接通前，将调压器旋钮逆时针旋转到底，S_1、S_2 断开，负载电阻调节到最大。

② 闭合交流电源，逐渐升高电源电压，使变压器输入电压 $U_1=U_N=55V$。

③ 保持 $U_1=U_N$ 的条件下，闭合开关 S_1，逐渐增加负载电流，即减小负载电阻 R_L 的值，从空载到额定负载范围内变化，测量变压器输出电压 U_2 和电流 I_2。

④ 测量数据时，$I_2=0$ 和 $I_2=I_{2N}=0.35A$ 两点必须测量，取6~7组数据，记录于表3-3中。

表 3-3　纯电阻负载实验数据

$\cos\varphi_2 = 1$；$U_1 = U_N = 55V$

序号	1	2	3	4	5	6	7
U_2/V							
I_2/A							

2）阻感性负载（$\cos\varphi_2 = 0.8$）（选做）。实验步骤如下：

① 采用电抗器 X_L 和 R_L 并联作为变压器的负载，S_1、S_2 断开，电阻及电抗器调至最大，即将变阻器旋钮和调压器旋钮逆时针旋转到底。

② 闭合交流电源，调节电源输出使 $U_1 = U_{1N}$。

③ 闭合 S_1、S_2，在保持 $U_1 = U_{1N}$ 及 $\cos\varphi_2 = 0.8$ 条件下，逐渐增加负载，从空载到额定负载范围内变化，测量变压器输出电压 U_2 和电流 I_2，取 6~7 组数据，记录于表 3-4 中，其中 $I_2 = 0$ 和 $I_2 = I_{2N}$ 两点必须测量。

表 3-4　阻感性负载实验数据

$\cos\varphi_2 = 0.8$；$U_1 = U_{1N} = 55V$

序号	1	2	3	4	5	6	7
U_2/V							
I_2/A							

注意：

1）在变压器实验中，应注意电压表、电流表、功率表的合理布置。

2）短路实验操作要快，否则绕组发热会引起电阻变化。

6. 实验报告

（1）计算电压比

由空载实验测量变压器一、二次电压的三组数据，分别计算电压比，然后取其平均值作为变压器的电压 k。

$$k = \frac{U_0}{U_2}$$

（2）绘制空载特性曲线并计算励磁参数

1）绘制空载特性曲线 $U_0 = f(I_0)$，$P_0 = f(U_0)$，$\cos\varphi_0 = f(U_0)$。

式中，$\cos\varphi_0 = \dfrac{P_0}{U_0 I_0}$

2）计算励磁参数。由空载特性曲线可查出对应于空载电压 $U_0 = U_N$ 时的 I_0 和 P_0 值，励磁参数计算式为

$$r_m = \frac{P_0}{I_0^2}$$

$$Z_m = \frac{U_0}{I_0}$$

$$X_m = \sqrt{Z_m^2 - r_m^2}$$

（3）绘制短路特性曲线和计算短路参数

1）绘制短路特性曲线 $U_k=f(I_k)$，$P_k=f(I_k)$，$\cos\varphi_k=f(I_k)$。

2）计算短路参数。由短路特性曲线可查出对应于短路电流 $I_k=I_N$ 时的 U_k 和 P_k 值，实验环境温度为 θ（℃）时的短路参数计算式为

$$Z'_k=\frac{U_k}{I_k}$$

$$r'_k=\frac{P_k}{I_k^2}$$

$$X'_k=\sqrt{Z'^2_k-r'^2_k}$$

折算到低压侧为

$$Z_k=\frac{Z'_k}{k^2}$$

$$r_k=\frac{r'_k}{k^2}$$

$$X_k=\frac{X'_k}{k^2}$$

由于短路电阻 r_k 随温度而变化，因此，计算出的短路电阻应按国家标准换算到基准工作温度 75℃时的阻值，即

$$r_{k75℃}=r_{k\theta}\frac{234.5+75}{234.5+\theta}$$

$$Z_{k75℃}=\sqrt{r_{k75℃}+X_k^2}$$

式中，234.5 为铜导线常数，若用铝导线，常数应改为 228。

阻抗电压计算式为

$$U_k=\frac{I_N Z_{k75℃}}{U_N}\times100\%$$

$$U_{kr}=\frac{I_N r_{k75℃}}{U_N}\times100\%$$

$$U_{kX}=\frac{I_N X_k}{U_N}\times100\%$$

$I_k=I_N$ 时的短路损耗 $P_{kN}=I_N^2 r_{k75℃}$。

（4）利用空载和短路实验测量的参数，画出被测试变压器折算到低压侧的“Γ”型等效电路。

（5）变压器电压变化率 ΔU

1）绘制 $\cos\varphi_2=1$ 和 $\cos\varphi_2=0.8$ 两条外特性曲线 $U_2=f(I_2)$，由外特性曲线计算 $I_2=I_{2N}$ 时的电压变化率 ΔU，即

$$\Delta U=\frac{U_{20}-U_2}{U_{20}}\times100\%$$

2）根据实验测量的参数，计算 $I_2=I_{2N}$、$\cos\varphi_2=1$ 和 $I_2=I_{2N}$、$\cos\varphi_2=0.8$ 时的电压变化率 ΔU，即

$$\Delta U=U_{kr}\cos\varphi_2+U_{kx}\sin\varphi_2$$

将两种计算结果进行比较，并分析不同性质的负载对输出电压的影响。

（6）绘制被测试变压器的效率特性曲线

变压器效率计算式为

$$\eta=\left(1-\frac{P_0+I_2^{*2}P_{kN}}{I_2^* P_N\cos\varphi_2+P_0+I_2^{*2}P_{kN}}\right)\times100\%$$

式中，P_{kN} 为变压器 $I_k=I_N$ 时的短路损耗，单位为 W；P_0 为变压器 $U_0=U_N$ 时的空载损耗，单位为 W；$I_2^* P_N\cos\varphi_2=P_2$。

1）用间接法计算 $\cos\varphi_2=0.8$ 不同负载电流时的变压器效率，记录于表 3-5 中。

表 3-5　不同负载电流时的变压器效率

$\cos\varphi_2=0.8$；$P_0=$____ W；$P_{kN}=$____ W

I_2^*/A	P_2/W	η
0.2		
0.4		
0.6		
0.8		
1.0		
1.2		

2）由计算数据绘制变压器的效率曲线 $\eta=f(I_2^*)$。

3）计算被测试变压器 $\eta=\eta_{max}$ 时的负载系数 $\beta_m=\sqrt{\frac{P_0}{P_{kN}}}$。

7. 思考题

1）为什么短路实验要在高压侧进行，空载实验在低压侧进行？

2）变压器进行空载和短路实验时，从电源输入的有功功率主要消耗在什么地方？在一、二次侧分别做同一实验，测得的输入功率相同吗？为什么？

3.2.2　三相变压器的联结组和不对称短路

1. 实验目的

1）掌握用实验方法测定三相变压器的同名端。

2）掌握用实验方法判别变压器的联结组标号。

3）研究三相变压器不对称短路。

4）观察三相变压器不同绕组连接法和不同铁心结构对空载电流和电动势波形的影响。

2. 实验原理

电力系统普遍采用三相制，要实现三相电压变换，必须采用三相变压器。三相心式变压器的三个铁心柱上绕制有三相绕组的高、低压绕组，共六个绕组，其中三相高压绕组分别用

AX、BY、CZ 表示，A、B、C 为三相高压绕组的首端，X、Y、Z 为三相高压绕组的末端；三相低压绕组分别用 ax、by、cz 表示，其中 a、b、c 为三相低压绕组的首端，x、y、z 为三相低压绕组的末端。对于电力变压器，不论高压绕组还是低压绕组，我国标准规定只能采用星形联结和三角形联结。将三相绕组的三个末端连接在一起，而将它们的首端引出，称为星形联结，简称Y联结。将一相绕组的末端和另一相绕组的首端顺序连接起来构成一个闭合电路，并将三个首端引出，称为三角形联结，简称 D 联结。三角形联结有两种连接顺序，一种是 AX-CZ-BY 顺序；另一种是 AX-BY-CZ 顺序。

三相星形联结可以引出中性线，高压中性线用 N 表示，低压中性线用 n 表示。三相变压器高压绕组可能的连接方式有 Y、YN、D，低压绕组可能的连接方式有 y、yn、d 三种。将三相变压器高、低压绕组的连接形式同时表示出来就得到三相变压器的联结组标号。从理论上讲，三相变压器的连接种类很多，但国产电力变压器通常只有 Yyn、Yd 和 YNd 联结三种，即三相高压绕组采用 Y 或 YN 联结，低压绕组采用 yn 或 d 联结。

理论上讲，三相心式变压器同一铁心柱上也可以绕制不同相的高、低压绕组。高、低压绕组的连接方法及其联结组标号构成了描述三相变压器绕组型式的联结组。

当同一铁心柱上的两个绕组为同一相的高、低压绕组时，根据同名端的不同，Yy 联结有两种不同接法，如果变压器高、低压绕组的同名端为首端，如图 3-9 所示，则高、低压绕组对应的相电压相量为同相位，即 $\dot{U}_A$ 与 $\dot{U}_a$ 同相位，$\dot{U}_B$ 与 $\dot{U}_b$ 同相位，$\dot{U}_C$ 与 $\dot{U}_c$ 同相位。相应地，高、低压侧对应的线电压亦为同相位，即 $\dot{U}_{AB}$ 与 $\dot{U}_{ab}$ 同相位，$\dot{U}_{BC}$ 与 $\dot{U}_{bc}$ 同相位，$\dot{U}_{CA}$ 与 $\dot{U}_{ca}$ 同相位。若将高压和低压侧两个线电压三角形的重心 O 和 o 重合，并使高压侧三角形的中性线 OA 指向钟面的 12 点，则低压侧对应的中性线 oa 也指向 12 点，从时间上看为 0 点，故该联结组标号为 0，记为 Yy0，其接线示意图如图 3-10 所示。

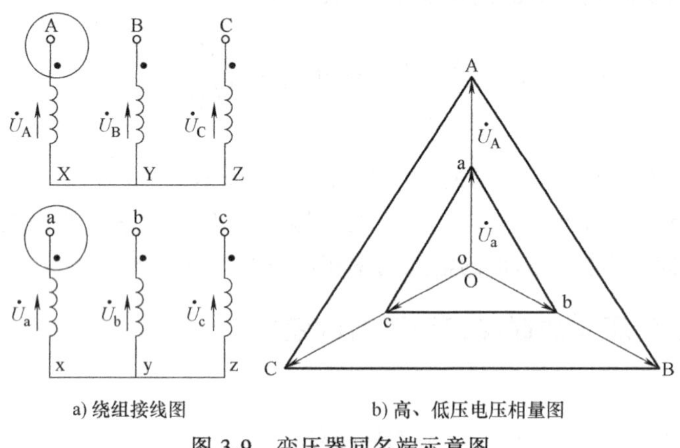

a) 绕组接线图　　b) 高、低压电压相量图

图 3-9　变压器同名端示意图

如果绕组连接将首端由同名端变为异名端，如图 3-11 所示。此时高、低压绕组对应的相电压相量将为反相，高、低压对应的线电压相量亦为反相，此时若将高、低压两个线电压三角形的重心重合，则从钟面上看，联结组标号变成 Yy6，如图 3-12 所示。

实际上，同一铁心柱上的两个高、低压绕组可以不是同一相的高、低压绕组，因此 Yy 联结经过变换可以得到其他标号的联结组。当高压侧三相标号 A、B、C 保持不变，将低压

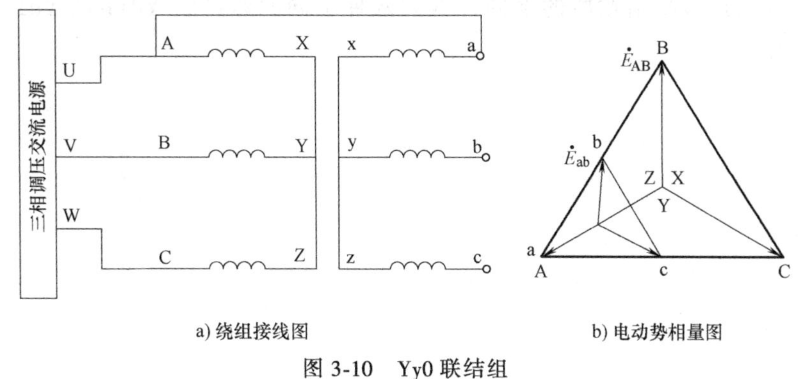

图 3-10　Yy0 联结组

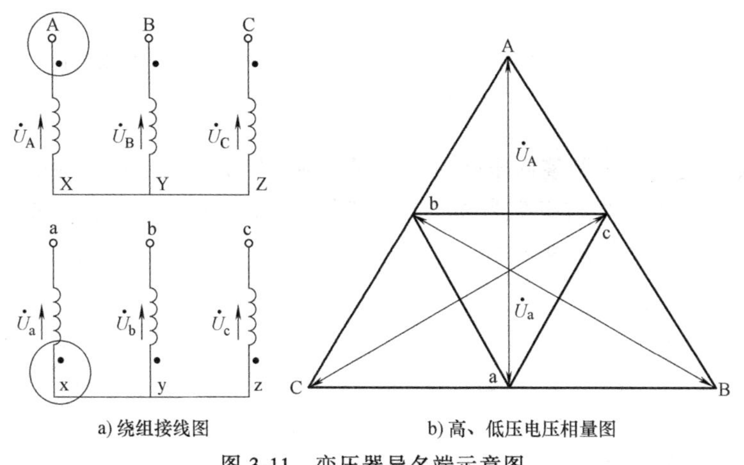

图 3-11　变压器异名端示意图

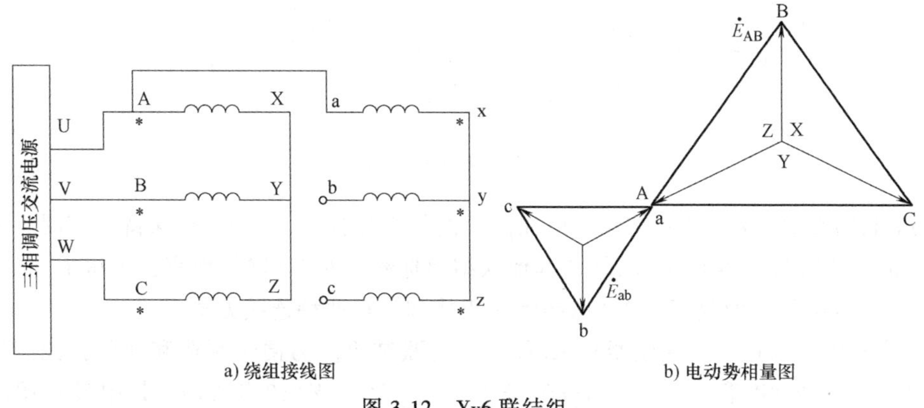

图 3-12　Yy6 联结组

侧的三相 a、b、c 顺序改变为 c、a、b，则低压侧的各相线电压相量将分别转过 120°，相当于指针转过 4 个钟点；若改为 b、c、a，则相当于指针转过 8 个钟点，同样对将首端由同名端变为异名端的绕组连接，也可通过变化得到两个标号 10 和 2。因而对 Yy 联结而言，可得 0、2、4、6、8、10 六个偶数标号。

在 Yd 联结中，当同一铁心柱上的两绕组为同一相的高、低压绕组时，且同名端为首端时，根据低压侧三角形联结顺序的不同，得到两种不同的联结组 Yd11 和 Yd1，其中 Yd11 联结组如图 3-13 所示。

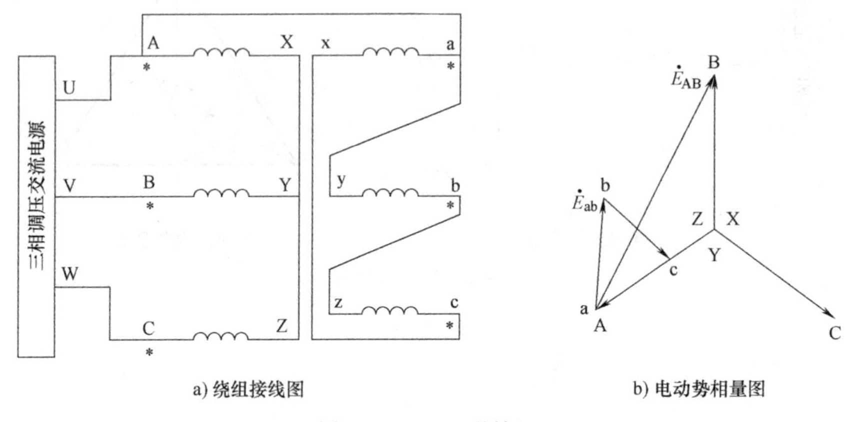

a) 绕组接线图　　b) 电动势相量图

图 3-13　Yd11 联结组

如果高压侧不变化，只调整低压侧的同名端，则低压侧的相电压和线电压将反相，即相当于指针转过 6 个钟点，联结组变为 Yd5。将联结组 Yd1 改首端为异名端，则联结组变为 Yd7。其中 Yd5 联结组如图 3-14 所示。

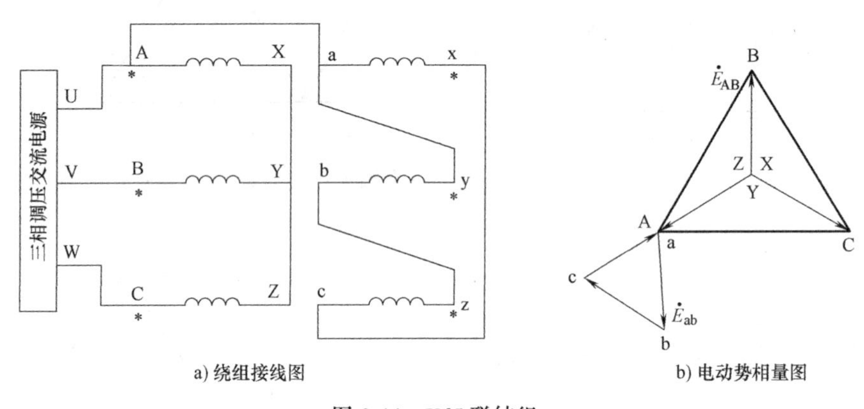

a) 绕组接线图　　b) 电动势相量图

图 3-14　Yd5 联结组

与 Yy 联结类似，对 Yd 联结也可以在高压侧的三相标号 A、B、C 保持不变时，逐步改变低压侧的三相标号，得到 Yd 联结的其他联结组标号。对 Yd 联结而言，可得 1、3、5、7、9、11 六个奇数组号，而且每个 Yd 联结组有正接和反接两种连接方式。

从上述分析可以看出，变压器有 12 种不同的联结组。为便于制造和使用，我国国家标准规定只生产五种标准联结组，即 Yyn0、Yd11、YNd11、YNy0 及 Yy0，其中最常用的是前三种。Yyn0 联结组的二次侧可引出中性线，称为三相四线制，可兼供动力和照明负载。Yd11 联结组用于二次侧电压不超过 400V 的线路中，此时变压器有一侧为三角形联结，对运行有利。YNd11 联结组主要用于高压输电线路中，使电力系统的高压侧中性点可以接地。

3. 预习要点

1）联结组的定义。为什么要研究联结组？我国国家标准规定的联结组有哪几种？

2）如何将 Yy0 联结组改成 Yy6 联结组以及将 Yd11 改为 Yd5 联结组？

3）在不对称短路情况下，哪种连接的三相变压器电压中性点偏移较大？

4）三相变压器绕组的连接方法及磁路系统对空载电流和电动势波形的影响。

4. 实验项目

连接并判定以下联结组：

（1）Yy0

（2）Yy6

（3）Yd11

（4）Yd5

5. 实验方法

（1）实验设备

基于三维虚拟现实和 ADPSS 仿真系统的实验平台、ADPSS 仿真系统等。三维虚拟现实实验界面上需要的面板见表 3-6。

表 3-6 三维虚拟现实实验界面面板内容

序号	名称	数量
1	电源控制屏	1 台
2	智能型功率、功率因数表	1 件
3	三相组式变压器	1 件
4	三相心式变压器	1 件

（2）屏上排列顺序

按 D34-2、DJ12、DJ11、D51 顺序在屏上排列。

（3）检验联结组

1）Yy0。按图 3-10 接线。A、a 两端用导线连接，在高压侧施加三相对称额定电压，测量 U_{AB}、U_{ab}、U_{Bb}、U_{Cc} 及 U_{Bc} 的值，将数据记录于表 3-7 中。

表 3-7 Yy0 联结时变压器电压数据

实验数据					计算数据			
U_{AB}/V	U_{ab}/V	U_{Bb}/V	U_{Cc}/V	U_{Bc}/V	$K_L=\frac{U_{AB}}{U_{ab}}$	U_{Bb}/V	U_{Cc}/V	U_{Bc}/V

根据 Yy0 联结组的电动势相量图，可得

$$U_{Bb}=U_{Cc}=(K_L-1)U_{ab}$$

$$U_{Bc}=U_{ab}\sqrt{K_L^2-K_L+1}$$

式中，线电压比 $K_L=\frac{U_{AB}}{U_{ab}}$。

若由上式计算出的电压 U_{Bb}、U_{Cc}、U_{Bc} 的值与实测值相同，则表示绕组连接正确，属 Yy0 联结组。

2）Yy6。按图 3-12 接线。将 Yy0 联结组的二次绕组首、末端标记对调，A、a 两端用导线连接。按上述方法测量电压 U_{AB}、U_{ab}、U_{Bb}、U_{Cc} 及 U_{Bc} 的值，将数据记录于表 3-8 中。

表 3-8　Yy6 联结时变压器电压数据

实验数据					计算数据			
U_{AB}/V	U_{ab}/V	U_{Bb}/V	U_{Cc}/V	U_{Bc}/V	$K_L=\dfrac{U_{AB}}{U_{ab}}$	U_{Bb}/V	U_{Cc}/V	U_{Bc}/V

根据 Yy6 联结组的电动势相量图，可得

$$U_{Bb}=U_{Cc}=(K_L+1)U_{ab}$$

$$U_{Bc}=U_{ab}\sqrt{K_L^2+K_L+1}$$

若由上式计算出的电压 U_{Bb}、U_{Cc}、U_{Bc} 的值与实测值相同，则表示绕组连接正确，属 Yy6 联结组。

3）Yd11。按图 3-13 接线。A、a 两端用导线连接，高压侧施加三相对称额定电压，测量电压 U_{AB}、U_{ab}、U_{Bb}、U_{Cc} 及 U_{Bc} 的值，将数据记录于表 3-9 中。

表 3-9　Yd11 联结时变压器电压数据

实验数据					计算数据			
U_{AB}/V	U_{ab}/V	U_{Bb}/V	U_{Cc}/V	U_{Bc}/V	$K_L=\dfrac{U_{AB}}{U_{ab}}$	U_{Bb}/V	U_{Cc}/V	U_{Bc}/V

根据 Yd11 联结组的电动势相量图，可得

$$U_{Bb}=U_{Cc}=U_{Bc}=U_{ab}\sqrt{K_L^2-\sqrt{3}K_L+1}$$

若由上式计算出的电压 U_{Bb}、U_{Cc}、U_{Bc} 的值与实测值相同，则表示绕组连接正确，属 Yd11 联结组。

4）Yd5。按图 3-14 接线。将 Yd11 联结组的二次绕组首、末端标号对调。实验方法同前，测量电压 U_{AB}、U_{ab}、U_{Bb}、U_{Cc} 和 U_{Bc} 的值，将数据记录于表 3-10 中。

表 3-10　Yd5 联结时变压器电压数据

实验数据					计算数据			
U_{AB}/V	U_{ab}/V	U_{Bb}/V	U_{Cc}/V	U_{Bc}/V	$K_L=\dfrac{U_{AB}}{U_{ab}}$	U_{Bb}/V	U_{Cc}/V	U_{Bc}/V

根据 Yd5 联结组的电势相量图，可得

$$U_{Bb}=U_{Cc}=U_{Bc}=U_{ab}\sqrt{K_L^2+\sqrt{3}K_L+1}$$

若由上式计算出的电压 U_{Bb}、U_{Cc}、U_{Bc} 的值与实测值相同，则表示绕组联结正确，属 Yd5 联结组。

6. 实验报告

1）将计算出的不同联结组的 U_{Bb}、U_{Cc}、U_{Bc} 的值与实测值进行比较，判别绕组连接是否正确。

2）分析不同连接方法和不同铁心结构对三相变压器空载电流和电动势波形的影响。

3）根据实验观察，说明三相组式变压器不宜采用 Yy0 和 Yy 联结组的原因。

7. 思考题

1）如何判断变压器绕组的同名端?

2）由实验数据计算出 Yy 和 Yd 联结时的一次侧 U_{AB}/U_{AX} 比值，分析产生差别的原因。

3.3　电机实验

3.3.1　三相笼型异步电动机的工作特性

1. 实验目的

1）掌握三相笼型异步电动机的空载、堵转和负载实验方法。

2）用直接负载法测量三相笼型异步电动机的工作特性。

3）测量三相笼型异步电动机的参数。

2. 实验原理

感应电动机的工作特性是指在额定电压和额定频率时，感应电动机转速 n、定子电流 I_1、功率因数 $\cos\varphi_1$、电磁转矩 T_e 和效率 η 与输出功率 P_2 之间的关系，即 n、I_1、$\cos\varphi_1$、T_e、$\eta=f(P_2)$。

（1）转速特性

转速特性是指 $U_1=U_{1N}$、$f_1=f_N$ 时转速 n 与输出功率 P_2 之间的关系 $n=f(P_2)$。因 $n=n_s(1-s)$，所以从转差率 s 与输出功率 P_2 的关系 $s=f(P_2)$ 就可以得到转速特性。转差率可表示为

$$s=\frac{p_{Cu2}}{P_e}=\frac{m_1I_2'^2R_2'}{m_1E_2'I_2'\cos\varphi_2} \tag{3-12}$$

空载时，$P_2\approx0$，转子电流 $I_2'\approx0$，所以转差率 $s\approx0$，转速 $n\approx n_s$。负载时，转子电流 I_2' 随着负载的增加而增加，转子铜耗 p_{Cu2} 及电磁功率 P_e 相应增加，但转子铜耗 p_{Cu2} 的增加较电磁功率 P_e 快，因此转差率 s 随负载的增加而增大。由于感应电动机中 p_{Cu2} 较小，所以在额定负载时，$s=(2\sim5)\%$，相应转速为 $n=(0.95\sim0.98)n_s$，所以转速特性 $n=f(P_2)$ 是一条略微向下倾斜的曲线。

（2）定子电流特性

定子电流特性是指 $U_1=U_{1N}$、$f_1=f_N$ 时定子电流与输出功率之间的关系 $I_1=f(P_2)$。感应电动机的定子电流 $\dot{I}_1=\dot{I}_m-\dot{I}_2'$，空载时 $\dot{I}_2'\approx0$，$\dot{I}_1=\dot{I}_m$。随着负载的增加，转子电流 $\dot{I}_2$ 增大，定子电流 $\dot{I}_1$ 随之增加。

（3）功率因数特性

功率因数特性是指 $U_1=U_{1N}$、$f_1=f_N$ 时功率因数与输出功率之间的关系 $\cos\varphi_1=f(P_2)$。由感应电动机等效电路可知，感应电动机的总阻抗为感性，对电源来说感应电动机相当于一个感性负载，其功率因数总是滞后。空载运行时，感应电动机定子电流基本上用以建立磁场的无功磁化电流，所以 $\cos\varphi_1$ 很小，通常小于 0.2。随着负载的增加，转子电流有功分量增加，定子电流有功分量随之增加，使功率因数 $\cos\varphi_1$ 逐渐上升，在额定负载附近功率因数达到最大值。由于从空载到满载范围内 s 很小且变化很小，所以 $\varphi_2=\tan^{-1}\dfrac{x'_{2\sigma}s}{R'_2}$基本不变，在此范围内 $\cos\varphi_1$ 处于上升趋势。当负载增加到一定程度时，转速较低，转差率 s 较大，φ_2 增大，$\cos\varphi_2$ 下降，$\cos\varphi_1$ 下降，所以功率因数有一最大值。

（4）转矩特性

转矩特性是指 $U_1=U_{1N}$、$f_1=f_N$ 时电磁转矩 T_e 与输出功率 P_2 的关系 $T_e=f(P_2)$。感应电动机的电磁转矩为 $T_e=T_2+T_0=\dfrac{P_2}{\Omega}+T_0$，从空载到额定负载范围内，转速变化很小，若忽略转速变化，且 T_0 可认为基本不变，则可近似认为转矩特性 $T_e=f(P_2)$ 是一条斜率为$\dfrac{1}{\Omega}$的直线。

（5）效率特性

效率特性是指 $U_1=U_{1N}$、$f_1=f_N$ 时效率 η 与输出功率 P_2 之间的关系 $\eta=f(P_2)$。感应电动机的效率为

$$\eta=\frac{P_2}{P_1}=1-\frac{\sum P}{P_1} \tag{3-13}$$

式中，$\sum P=P_{Cu1}+P_{Cu2}+P_{Fe}+P_{mec}+P_{ad}$ 为电机的总损耗。

从空载运行到满载运行，由于主磁通和转速变化很小，所以铁耗 p_{Fe} 和机械损耗 P_{mec} 基本不变，称为不变损耗。而定、转子铜耗 P_{Cu1}、P_{Cu2} 和附加损耗 P_{ad} 随负载变化而变化，称为可变损耗。空载时 $P_2=0$，所以 $\eta=0$，当负载开始增加时，总损耗增加较慢，效率上升很快，当不变损耗与可变损耗相等时效率达到最大值，之后继续增大负载时，定、转子铜耗增加较快，效率反而下降。一般最大效率出现在额定负载的 70%~100%范围内。

因为感应电动机的效率和功率因数都在额定负载附近达到最大值，所以选用电动机时应使电动机的容量与负载合理匹配。若电动机容量选择过小，则引起过载，使电动机温升过高，影响寿命；若电动机容量选择过大，则电动机处于轻载运行状态，其效率和功率因数都很低。因此要合理选择电动机容量，使电动机经济、合理和安全地运行。

3. 预习要点

1）用荧光灯法测转差率是利用了荧光灯的什么特性？

2）异步电动机的工作特性是指哪些特性？

3）异步电动机的等效电路有哪些参数？它们的物理意义是什么？

4）异步电动机工作特性和参数的测定方法。

4. 实验项目

（1）空载实验

（2）短路实验

(3) 负载实验

5. 实验方法

(1) 实验设备

基于三维虚拟现实和 ADPSS 仿真系统的实验平台、ADPSS 仿真系统等。

(2) 空载实验

1) 实验按图 3-15 接线。电动机绕组为△联结 ($U_N=220V$)，直接与测速发电机同轴连接，与 DQ19 型负载电机未连接。

2) 将交流调压器调至电压最小位置，接通电源，逐渐升高电压，使电动机起动旋转。观察电动机旋转方向，并使电动机旋转方向符合要求。若转向不符合要求需要调整相序时，必须切断电源。

3) 保持电动机在额定电压下空载运行数分钟，待机械损耗达到稳定后再进行实验。

4) 调节电压由 1.2 倍额定电压开始逐渐降低，直到电流或功率显著增大为止。在此范围内读取空载电压 U_0、空载电流 I_0、空载功率 P_0。

5) 测量空载实验数据时，在额定电压附近多测几点，取 7~9 组数据记录于表 3-11 中。

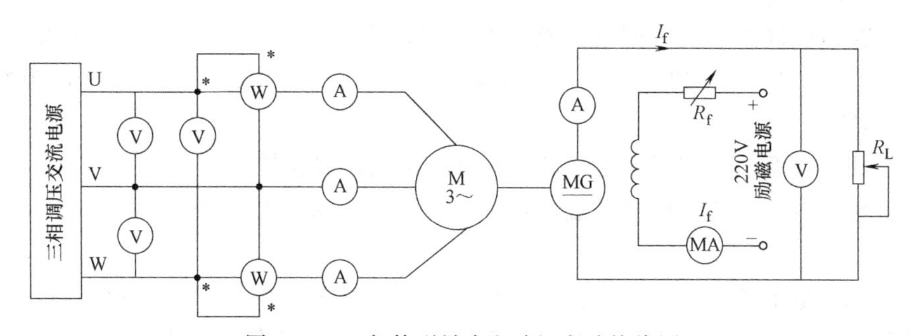

图 3-15 三相笼型异步电动机实验接线图

表 3-11 空载实验数据

序号	U_{0L}/V				I_{0L}/A				P_0/W			$\cos\varphi_0$
	U_{AB}	U_{BC}	U_{CA}	U_{0L}	I_A	I_B	I_C	I_{0L}	P_I	P	P_0	
1												
2												
3												
4												
5												
6												
7												
8												
9												

(3) 短路实验

1) 实验接线图同图 3-15。用制动工具将三相电动机堵转。制动方法：可用 DD05 上的圆盘固定电机轴，螺杆装在圆盘上。

2）调压器旋转至零，闭合交流电源，调节调压器逐渐升压至短路电流再到1.2倍额定电流，然后逐渐降压至0.3倍额定电流为止。

3）在此范围内读取短路电压U_k、短路电流I_k、短路功率P_k。

4）取5~6组数据记录于表3-12中。

表3-12 短路实验数据

序号	U_k/V				I_k/A				P_k/W			$\cos\varphi_k$
	U_{AB}	U_{BC}	U_{CA}	U_{kL}	I_A	I_B	I_C	I_{kL}	P_{I}	P_{II}	P_k	
1												
2												
3												
4												
5												
6												

（4）负载实验

1）实验接线图同图3-15。同轴连接负载电机。图中R_f采用DQ27型三相可调电阻器，取阻值1800Ω；R_L采用DQ27型三相可调电阻器，取阻值2250Ω（2组900Ω电阻并联，与1800Ω电阻串联）。

2）闭合交流电源，调节调压器逐渐升压至额定电压并保持不变。

3）闭合校正过的直流电机的励磁电源，调节励磁电流至校正值（50mA或100mA）并保持不变。

4）调节负载电阻R_L（注：先调节1800Ω电阻，调至零后用导线短接再调节450Ω电阻），使异步电动机定子电流逐渐上升，直至电流上升到1.25倍额定电流。

5）逐渐减小负载直至空载，在此范围内读取异步电动机的定子电流I_1、输入功率P_1、转速n、直流电机负载电流I_F等数据。

6）取8~9组数据记录于表3-13中。

表3-13 负载实验数据

$U_{1\varphi}=U_{1N}=220V$（△）；$I_f=$______ mA

序号	I_1/A				P_1/W			I_F/A	T_2/(N·m)	n/(r/min)
	I_A	I_B	I_C	I_{1L}	P_{I}	P_{II}	P_1			
1										
2										
3										
4										
5										
6										
7										
8										
9										

6. 实验报告

（1）计算基准工作温度时的相电阻

实验直接测得的三相电阻值为实际冷态电阻值，冷态温度为室温。由冷态温度换算到基准工作温度时的定子绕组相电阻计算式为

$$r_{1\mathrm{ref}}=r_{1\mathrm{c}}\frac{235+\theta_{\mathrm{ref}}}{235+\theta_{\mathrm{c}}}$$

式中，$r_{1\mathrm{ref}}$ 为换算到基准工作温度时的定子绕组相电阻（Ω）；$r_{1\mathrm{c}}$ 为定子绕组的实际冷态相电阻（Ω）（未折算到基准工作温度 75℃）；θ_{ref} 为基准工作温度，对于 E 级绝缘为 75℃；θ_{c} 为实际冷态时定子绕组的温度（℃）。

（2）绘制空载特性曲线

$$I_{0\mathrm{L}}、P_0、\cos\varphi_0=f(U_{0\mathrm{L}})$$

（3）绘制短路特性曲线

$$I_{\mathrm{kL}}、P_{\mathrm{k}}=f(U_{\mathrm{kL}})$$

（4）由空载、短路实验数据计算异步电机等效电路参数

1）由短路实验数据计算短路参数。计算式为

短路阻抗 $$Z_{\mathrm{k}}=\frac{U_{\mathrm{k}\varphi}}{I_{\mathrm{k}\varphi}}=\frac{\sqrt{3}\,U_{\mathrm{kL}}}{I_{\mathrm{kL}}}$$

短路电阻 $$r_{\mathrm{k}}=\frac{P_{\mathrm{k}}}{3I_{\mathrm{k}\varphi}^2}=\frac{P_{\mathrm{k}}}{I_{\mathrm{kL}}^2}$$

短路电抗 $$X_{\mathrm{k}}=\sqrt{Z_{\mathrm{k}}^2-r_{\mathrm{k}}^2}$$

式中，$U_{\mathrm{k}\varphi}=U_{\mathrm{kL}}$、$I_{\mathrm{k}\varphi}=\dfrac{I_{\mathrm{kL}}}{\sqrt{3}}$和 P_{k} 分别为电动机堵转时的相电压、相电流和三相短路功率（△联结）。

由冷态温度换算到基准工作温度时的转子电阻为

$$r_2'\approx r_{\mathrm{k}}-r_{1\mathrm{c}}$$

定、转子漏抗为

$$X_{1\sigma}\approx X_{2\sigma}'\approx\frac{X_{\mathrm{k}}}{2}$$

2）由空载实验数据计算励磁回路参数。计算式为

空载阻抗 $$Z_0=\frac{U_{0\varphi}}{I_{0\varphi}}=\frac{\sqrt{3}\,U_{0\mathrm{L}}}{I_{0\mathrm{L}}}$$

空载电阻 $$r_0=\frac{P_0}{3I_{0\varphi}^2}=\frac{P_0}{I_{0\mathrm{L}}^2}$$

空载电抗 $$X_0=\sqrt{Z_0^2-r_0^2}$$

励磁电抗 $$X_{\mathrm{m}}=X_0-X_{1\sigma}$$

励磁电阻 $$r_{\mathrm{m}}=\frac{P_{\mathrm{Fe}}}{3I_{0\varphi}^2}=\frac{P_{\mathrm{Fe}}}{I_{0\mathrm{L}}^2}$$

式中，$U_{0\varphi}=U_{0\mathrm{L}}$、$I_{0\varphi}=\dfrac{I_{0\mathrm{L}}}{\sqrt{3}}$和 P_0 分别为电动机空载时的相电压、相电流和三相空载功率（△

联结)；P_{Fe} 为额定电压时的铁耗，由图 3-16 确定。

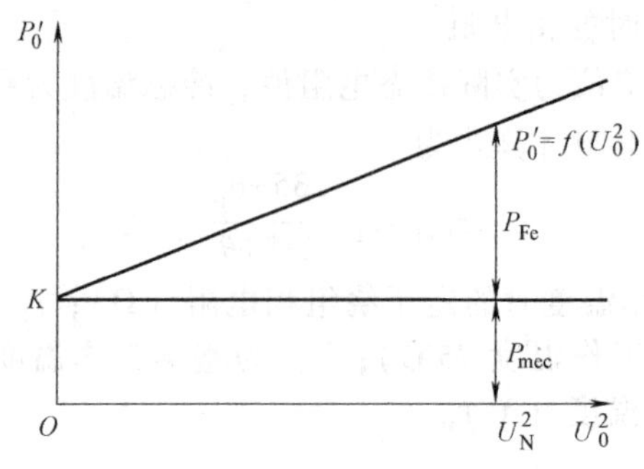

图 3-16　电机中铁耗和机械损耗

(5) 绘制工作特性曲线

绘制工作特性曲线 P_1、I_1、η、s、$\cos\varphi_1=f(P_2)$。

由负载实验数据计算工作特性，计算式为

$$I_{1\varphi}=\frac{I_{1L}}{\sqrt{3}}=\frac{I_A+I_B+I_C}{3\sqrt{3}}$$

$$s=\frac{1500-n}{1500}$$

$$\cos\varphi_1=\frac{P_1}{3U_{1\varphi}I_{1\varphi}}$$

$$P_2=0.105nT_2$$

$$\eta=\frac{P_2}{P_1}\times100\%$$

式中，$I_{1\varphi}$ 为定子绕组相电流，单位为 A；$U_{1\varphi}$ 为定子绕组相电压，单位为 V；s 为转差率；η 为效率。

计算结果记录于表 3-14 中。

表 3-14　负载实验数据及计算值

$U_1=220\text{V}$（△）；$I_f=$______ mA

序号	电动机输入		电动机输出		计算值			
	$I_{1\varphi}$/A	P_1/W	T_2/(N·m)	n/(r·min)	P_2/W	s	η(%)	$\cos\varphi_1$
1								
2								
3								
4								
5								
6								
7								
8								
9								

（6）由损耗分析法计算额定负载时的效率

电动机损耗包括：铁耗 P_{Fe}；机械损耗 P_{mec}；定子铜耗 $P_{Cu1}=3I_{1\varphi}^2 r_1$；转子铜耗 $P_{Cu2}=\frac{P_{em}}{100}s$。其中，$P_{em}$ 为电磁功率（W）；且

$$P_{em}=P_1-P_{Cu1}-P_{Fe}$$

杂散损耗 P_{ad} 取额定负载时输入功率的0.5%。

铁耗和机械损耗之和为

$$P'_0=P_{Fe}+P_{mec}=P_0-I_{0\varphi}^2 r_1$$

为了分离铁耗和机械损耗，绘制曲线 $P'_0=f(U_0^2)$，见图3-14。

延长曲线的直线部分与纵轴相交于 K 点，K 点的纵坐标即为电动机的机械损耗 P_{mec}，过 K 点作平行于横轴的直线，可得不同电压时的铁耗 P_{Fe}。

电机总损耗为

$$\sum P=P_{Fe}+P_{Cu1}+P_{Cu2}+P_{ad}+P_{mec}$$

计算可得额定负载时的效率为

$$\eta=\frac{P_1-\sum P}{P_1}\times 100\%$$

式中，P_1 由工作特性曲线上对应于 P_2 为额定功率 P_N 时查得。

7. 思考题

1）由空载、短路实验数据计算异步电动机等效电路参数时，哪些因素会引起误差？

2）从短路实验数据可以得出哪些结论？

3）由直接负载法测量电机效率和用损耗分析法计算电机效率各有哪些因素会引起误差？

3.3.2　三相同步发电机的运行特性

1. 实验目的

1）用实验方法测量同步发电机在对称负载下的运行特性。

2）由实验数据计算同步发电机在对称运行时的稳态参数。

2. 实验原理

空载特性可由空载实验测得。电枢绕组开路（$I=0$），用原动机拖动被试同步发电机到同步转速，励磁电流 I_f 从零开始逐步增加，直到空载电压 $U_0\approx 1.25U_N$ 为止，然后再逐步减小励磁电流 I_f 直至为零，记录相应的励磁电流和空载电压。需要注意的是，增、减励磁电流时应单方向调节，以免局部磁滞效应引起误差。由于铁磁材料的磁滞效应，曲线的上升分支和下降分支并不重合，一般约定采用下降分支作为空载特性曲线。为了消除剩磁的影响，将下降分支的直线部分延长使之与横轴相交，取交点与坐标原点的距离 ΔI_{f0} 为校正量，将实测曲线整体右移，即可得到工程中实用的空载特性曲线 $E_0=f(I_f)$。在绘制空载特性曲线时，应注意将 E_0 换算成每相值。

短路特性可由三相稳态短路实验测得。将被测同步发电机的电枢端点三相短路，用原动机拖动被测发电机到同步转速，调节励磁电流，使电枢电流 I 从零开始增加直到约 $1.2I_N$，

即可得到短路特性曲线 $I=f(I_f)$。

实验时由原动机拖动同步发电机到同步转速，电枢连接一个可调的三相对称纯感性负载，负载功率因数 $\cos\varphi\approx0$。改变发电机励磁电流，同时调节负载电抗的大小，使电枢电流保持为常数（如 $I=I_N$），然后记录不同励磁电流下发电机的端电压，可得零功率因数负载特性，即 I 为常数、$\cos\varphi\approx0$ 时的 $U=f(I_f)$。

外特性是发电机在 $n=n_s$、I_f 为常数、$\cos\varphi$ 为常数的条件下，发电机的端电压与负载电流之间的关系曲线 $U=f(I)$。外特性既可以由直接负载法测得，亦可由作图法获得。

当负载为感性负载和纯电阻负载时，外特性呈下降趋势，这是由电枢反应的去磁作用和漏阻抗压降引起的。因为这时电枢反应均有去磁作用，此外漏阻抗压降也会引起一定的电压下降。当负载为容性负载且内功率因数角为超前时，由于电枢反应的助磁作用和容性电流的漏抗电压上升，外特性亦可能呈上升趋势。

由外特性可以计算发电机的电压调整率。调节发电机的励磁电流，使电枢电流、功率因数和端电压均为额定值，此时的励磁电流 I_{fN} 称为发电机额定励磁电流。然后保持励磁电流为 I_{fN}，转速为同步转速，卸掉负载，读取空载电动势 E_0，可得同步发电机的电压调整率 Δu 为

$$\Delta u=\frac{E_0-U_{N\varphi}}{U_{N\varphi}}\times100\% \tag{3-14}$$

电压调整率是同步发电机的性能指标之一。对于凸极同步发电机，Δu 最好控制在18%~30%范围内；对于隐极同步发电机，Δu 最好控制在30%~48%范围内。

调整特性是发电机在 $n=n_s$、$U=U_N$、$\cos\varphi=$常数时，发电机的励磁电流与电枢电流的关系曲线 $I_f=f(I)$。

当负载为感性负载和纯电阻负载时，为补偿电枢电流所产生的去磁性电枢反应和漏阻抗压降，随着电枢电流的增加，必须相应地增加励磁电流，故此时调整特性是上升的。当负载为容性负载时，调整特性亦可能呈下降趋势。

由调整特性可以确定同步发电机的额定励磁电流 I_{fN}，它对应于额定电压、额定电流和额定功率因数时的励磁电流。

3. 预习要点

1）同步发电机在对称负载下有哪些基本特性？

2）这些基本特性分别在什么情况下测得？

3）如何用实验数据计算对称运行时的稳态参数？

4. 实验项目

1）测定电枢绕组实际冷态直流电阻。

2）空载实验：在 $n=n_N$、$I=0$ 的条件下，测量空载特性曲线 $U_0=f(I_f)$。

3）三相短路实验：在 $n=n_N$、$U=0$ 的条件下，测量三相短路特性曲线 $I_k=f(I_f)$。

4）纯电感负载特性：在 $n=n_N$、$I=I_N$、$\cos\varphi\approx0$ 的条件下，测量纯电感负载特性曲线。

5）外特性：在 $n=n_N$、I_f 为常数、$\cos\varphi=1$ 和 $\cos\varphi=0.8$（滞后）的条件下，测量外特性曲线 $U=f(I)$。

6）调节特性：在 $n=n_N$、$U=U_N$、$\cos\varphi=1$ 的条件下，测量调节特性曲线 $I_f=f(I)$。

5. 实验方法

(1) 实验设备

基于三维虚拟现实和 ADPSS 仿真系统的实验平台、ADPSS 仿真系统等。

(2) 实验原理接线图

实验原理接线图如图 3-17 所示。

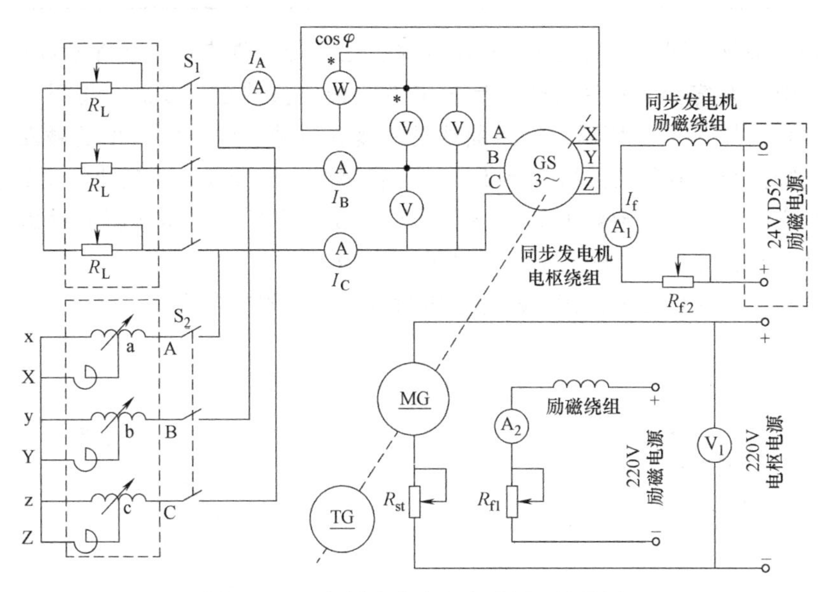

图 3-17　三相同步发电机实验原理接线图

(3) 空载实验

1) 实验按图 3-17 接线，校正直流测功机 MG 按他励方式连接，用作电动机拖动三相同步发电机 GS 旋转，GS 的定子绕组为Y联结（$U_N=220V$）。R_{f2} 采用 R_4 和 R_6 组件上的电阻，阻值取 225Ω（R_4 组件上的两组 90Ω 电阻串联，R_6 组件上的两组 90Ω 电阻并联，两者再串联）；R_{st} 采用 R_2 上的电阻，阻值取 180Ω；R_{f1} 采用 R_1 上的电阻，阻值取 1800Ω。开关 S_1，S_2 在 D51 挂箱上。

2) 调节与 24V 励磁电源串联的 R_{f2} 至最大值。调节 MG 的电枢串联电阻 R_{st} 至最大值，调节 MG 的励磁调节电阻 R_{f1} 至最小值。开关 S_1、S_2 均断开。将控制屏左侧调压器旋钮向逆时针方向旋转至零位，检查控制屏上的电源总开关、电枢电源开关及励磁电源开关都处于“关断”位置，做好实验开机准备。

3) 接通控制屏上的电源总开关，按下“启动”按钮，接通励磁电源开关，观察到电流表A_2有励磁电流指示后，再接通控制屏上的电枢电源开关起动 MG。MG 起动运行正常后，将 R_{st} 调至最小，调节 R_{f1} 使 MG 转速达到同步发电机的额定转速 1500r/min 并保持恒定。

4) 接通 GS 励磁电源，调节 GS 励磁电流（必须单方向调节），使 I_f 单方向递增至 GS 输出电压 $U_0\approx1.3U_N$ 为止。

5) 单方向减小 GS 励磁电流，使 I_f 单方向减小至零为止，读取励磁电流 I_f 和相应的空载电压 U_0。

6) 取 9~11 组数据记录于表 3-15 中。

表 3-15　空载实验数据

$n = n_N =$ 1500r/min；$I =$ 0

序号	1	2	3	4	5	6	7	8	9	10	11
U_0/V											
I_f/A											

在用实验方法测量同步发电机的空载特性时，由于转子磁路中剩磁情况的不同，当单方向改变励磁电流 I_f 从零到某一最大值再反过来由此最大值减小到零时，将得到上升和下降两条不同的曲线，如图 3-18 所示。两条曲线的出现，反映了铁磁材料中的磁滞现象。测量参数时使用下降曲线，其最高点取 $U_0 \approx 1.3U_N$，若剩磁电压较高，可延伸曲线的直线部分与横轴相交，则交点的横坐标绝对值 Δi_{f0} 应作为校正量，在所有实验测得的励磁电流数据上加上 Δi_{f0}，即可得通过原点的校正曲线，如图 3-19 所示。

注意：①转速要保持恒定；②在额定电压附近测量点相应多些。

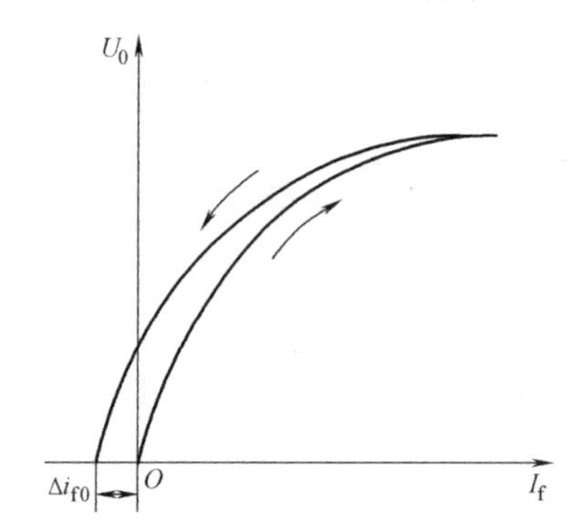

图 3-18　上升和下降两条空载特性曲线

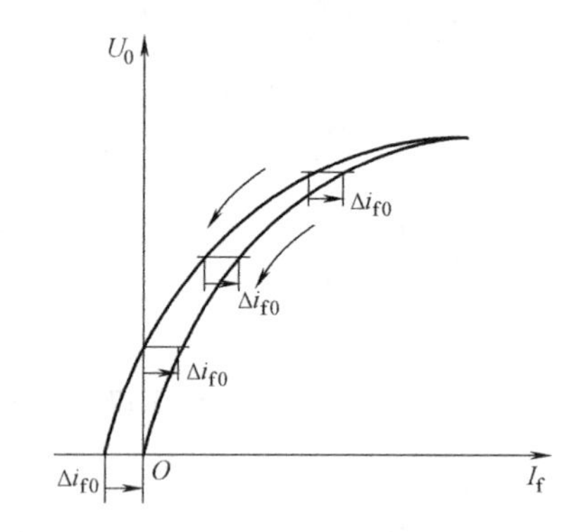

图 3-19　校正过的下降空载特性曲线

（4）三相短路实验

1）调节与 GS 的励磁电源串接的 R_{f2} 至最大值。调节发电机转速为额定转速 1500r/min，且保持恒定。

2）接通 24V 励磁电源，调节 R_{f2} 使 GS 输出的三相线电压（即三只电压表加圆圈的读数）最小，然后将 GS 的三输出端短接，即将三只电流表的输出端短接。

3）调节 GS 的励磁电流 I_f 使其定子电流 $I_k = 1.2I_N$，读取 I_f 和相应的定子电流 I_k。

4）减小 GS 的励磁电流 I_f 使定子电流减小，直至 I_f 为零，读取 I_f 和相应的定子电流 I_k。

5）取 5~7 组数据记录于表 3-16 中。

表 3-16　三相短路实验数据

$U =$ 0V；$n = n_N =$ 1500r/min

序号	1	2	3	4	5	6	7
I_k/A							
I_f/A							

（5）纯电感负载特性

1）调节 GS 的 R_{f2} 至最大值，调节可变电抗器使其阻抗达到最大值。同时拔掉 GS 三输出端的短接线，Ⓐ₁表改用数模双显智能直流电流表。

2）按他励直流电动机的起动步骤（电枢串联全值起动电阻 R_{st}，先接通励磁电源，后接通电枢电源）起动直流电机 MG，调节 MG 的转速达到 1500r/min 且保持恒定。闭合开关 S_2，发电机 GS 带纯电感负载运行。

3）调节 R_{f2} 和可变电抗器使同步发电机端电压接近于 1.1 倍额定电压且电流为额定电流，读取端电压和励磁电流。

4）每次调节励磁电流使发电机端电压减小，同时调节可变电抗器使定子电流保持恒定为额定电流，读取端电压和相应的励磁电流。

5）其取 5~7 组数据记录于表 3-17 中。

表 3-17　纯电感负载实验数据

$n=n_N=\underline{1500r/min}$；$I=I_N=\underline{0.45A}$

U/V							
I_f/A							

（6）纯电阻负载时的同步发电机外特性

1）三相可变电阻器 R_L 三相Y联结，每相用 R 组件上的 1300Ω 电阻，调节其阻值为最大值。

2）按他励直流电动机的起动步骤起动 MG，调节电机转速达到同步发电机额定转速 1500r/min，并保持转速恒定。

3）断开 S_2，闭合 S_1，GS 带三相纯电阻负载运行。

4）接通 24V 励磁电源，调节 R_{f2} 和负载电阻 R_L 使同步发电机的端电压达到额定值 220V，且负载电流亦达到额定值。

5）保持此时的同步发电机励磁电流 I_f 恒定不变，调节负载电阻 R_L，测量同步发电机端电压和相应的平衡负载电流，直至负载电流减小至零，测量得到整条外特性曲线。

6）共取 5~6 组数据记录于表 3-18 中。

表 3-18　纯电阻负载实验数据

$n=n_N=\underline{1500r/min}$；$I_f=$____A；$\cos\varphi=\underline{1}$

U/V						
I_f/A						

（7）负载功率因数为 0.8 时的同步发电机外特性

1）在图 3-17 中接入功率因数表，调节可变负载电阻 R_L 使阻值达到最大值，调节可变电抗器 X_L 使电抗值达到最大值。

2）调节 R_{f2} 至最大值，起动直流电机并调节电机转速至同步发电机额定转速 1500r/min，且保持转速恒定。闭合开关 S_1、S_2，R_L、X_L 并联作为 GS 的负载。

3）接通 24V 励磁电源，调节 R_{f2}、负载电阻 R_L 及可变电抗器 X_L，使同步发电机的端电压达到额定值 220V，负载电流达到额定值及功率因数为 0.8。

4）保持此时的同步发电机励磁电流 I_f 恒定不变，调节负载电阻 R_L 和可变电抗器 X_L 使负载电流改变而功率因数保持不变为 0.8，测量同步发电机端电压和相应的平衡负载电流，测量得出整条外特性曲线。

5）取 5~6 组数据记录于表 3-19 中。

表 3-19　cos φ=0.8 时的实验数据

$n=n_N=\underline{1500\text{r/min}}$；$I_f=$______A

U/V						
I/A						

（8）纯电阻负载时的同步发电机调整特性

1）发电机接入三相电阻负载 R_L，调节 R_L 使阻值达到最大值，电机转速仍为额定转速 1500r/min 且保持恒定。

2）调节 R_{f2} 使发电机端电压达到额定值 220V 且保持恒定。

3）调节 R_L 阻值以改变负载电流，读取相应励磁电流 I_f 及负载电流，测量得出整条调整特性曲线。

4）取 4~5 组数据记录于表 3-20 中。

表 3-20　纯电阻负载实验数据

$U=U_N=\underline{220\text{V}}$；$n=n_N=\underline{1500\text{r/min}}$

I/A					
I_f/A					

6. 实验报告

（1）根据实验数据绘制同步发电机空载特性曲线。

（2）根据实验数据绘制同步发电机短路特性曲线。

（3）根据实验数据绘制同步发电机纯电感负载特性曲线。

（4）根据实验数据绘制同步发电机外特性曲线。

（5）根据实验数据绘制同步发电机调整特性曲线。

（6）根据实验数据绘制同步发电机纯电阻性负载特性曲线。

7. 思考题

（1）定子漏抗 X_σ 和保梯电抗 X_p 各代表什么参数？它们的差别是如何产生的？

（2）由空载特性和特性三角形用作图法求得的零功率因数负载特性和实测负载特性是否有差别？造成差别的原因是什么？

第 4 章　电力系统及其自动化实验

4.1　电力系统及其自动化实验界面和操作说明

电力系统自动化实验包括单机—无穷大系统稳态运行方式实验，单机带负荷实验，发电机有功、无功调节实验和电力系统故障分析实验。完成上述实验的三维虚拟现实界面相同，称为 ADPSS-I 电力系统全数字实时仿真平台，如图 4-1 所示。

图 4-1　ADPSS-Ⅰ电力系统全数字实时仿真平台

本实验平台为虚拟现实的三维效果视图，下面介绍本实验平台面板内容的主要操作方法。

4.1.1　实验指导教师操作说明

本实验中，实验指导教师的操作和第 3 章变压器及电机实验中实验指导教师的操作方法一致，不再赘述。

4.1.2　实验者操作说明

实验过程中，实验者需要严格按照实验步骤在三维虚拟现实实验平台上完成一系列的实验操作，完成实验内容得到实验结果。实验者的操作主要是在三维虚拟现实实验平台上进行，下面介绍三维虚拟现实实验平台的主要内容和主要操作技巧。

三维虚拟现实实验平台如图 4-2 所示。

图 4-2 三维虚拟现实实验平台

由于本界面是三维虚拟现实场景，实验者通过键盘上的“W”“S”“A”“D”键可以改变视角，分别按住这些键不放，其效果分别是靠近实验台、远离实验台、走向实验台左面及走向实验台右面。“W”“S”“A”“D”键是平行移动视角，另外小键盘左键和小键盘右键也可以改变实验者和实验平台的角度。

本实验平台界面主要由实验电力系统接线原理图、开关、指示灯、旋钮、仪表和操作提示按钮组成。下面依次介绍各元件的主要内容和操作技巧。

(1) 电力系统接线原理图

本界面中间的蓝色部分即为本实验将用到的电力系统接线原理图，其结构如图 4-3 所示。

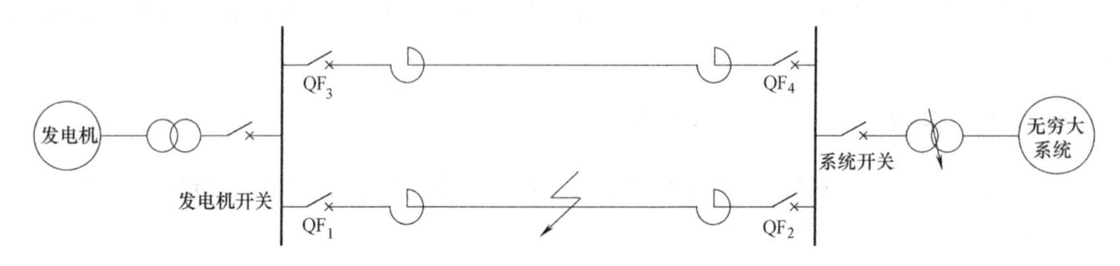

图 4-3 电力系统接线原理图

(2) 指示灯元件

本界面中电力系统接线图上的红绿按钮即为指示灯元件，在本界面中它与开关元件放在一起操作。指示灯元件用来指示系统现今运行状态下每个开关的状态。红色指示灯亮，表示开关闭合；绿色指示灯亮，表示开关断开。

（3）开关元件。

本界面中电力系统接线图上的红绿按钮即为开关元件，它由开关和显示开关状态的指示灯组成，用来模拟真实电力系统中的刀闸断路器系统。在本界面中，每个开关元件都标注着相应的名称，可以人为手动控制其关合。对于一个处在断开位置的开关，实验者只需将鼠标指针放在开关的红色按钮上，单击鼠标左键，就可以控制此开关闭合，如果红色指示灯亮起，说明开关确实已闭合。相应地也有断开开关的操作。

（4）旋钮元件

本界面左侧的四个蓝色按钮即为旋钮元件，分别是“原动机出力加”“原动机出力减”“励磁加”“励磁减”旋钮。实验者单击相应的旋钮，旋钮便处于活动状态（其外在状态会有所改变），控制原动机系统或者励磁系统做出相应的改变。如果在活动状态的旋钮上再次单击，即可恢复旋钮原有状态，停止控制原动机系统或者励磁系统。

（5）仪表元件

本界面中最上面两排面板即为仪表元件，包括电量显示仪表和发电机同期仪表。其中，最上面一排是电气量显示仪表，可以实时显示系统中各个电气量的量值大小，包括开关站电压等；第二排是发电机同期指示仪表，可以指示发电机状态和系统状态电气量的差值，用来判断发电机是否达到并网的要求。

（6）操作提示按钮

本界面右下角的两个按钮即为操作提示按钮，包括“设置故障”按钮和“操作说明”按钮。单击两个按钮分别出现“设置故障”对话框和“操作说明”对话框。再次单击相应的按钮可以返回主界面。如图 4-4 和图 4-5 所示。

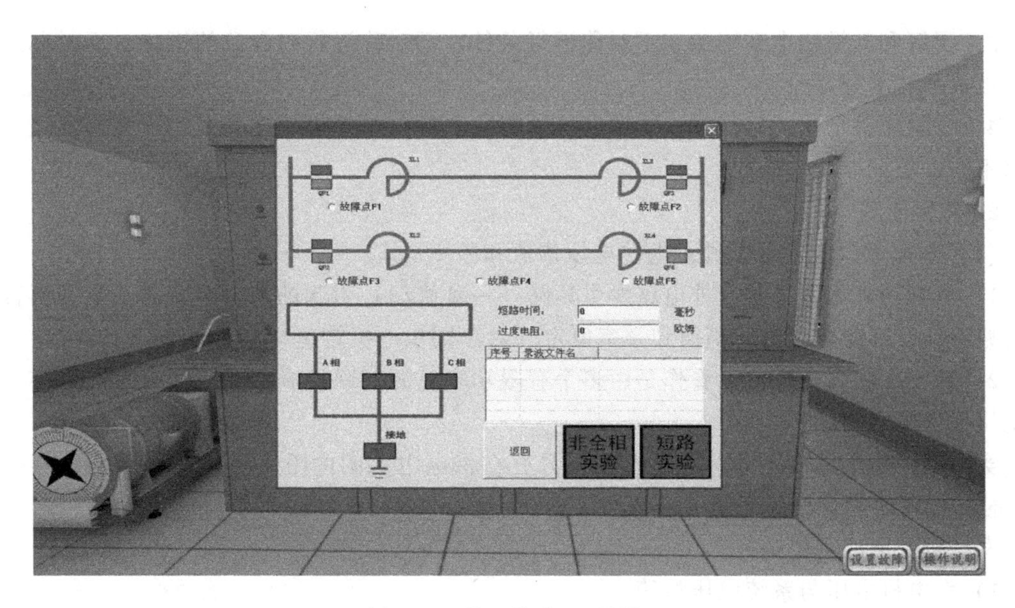

图 4-4 “设置故障”对话框

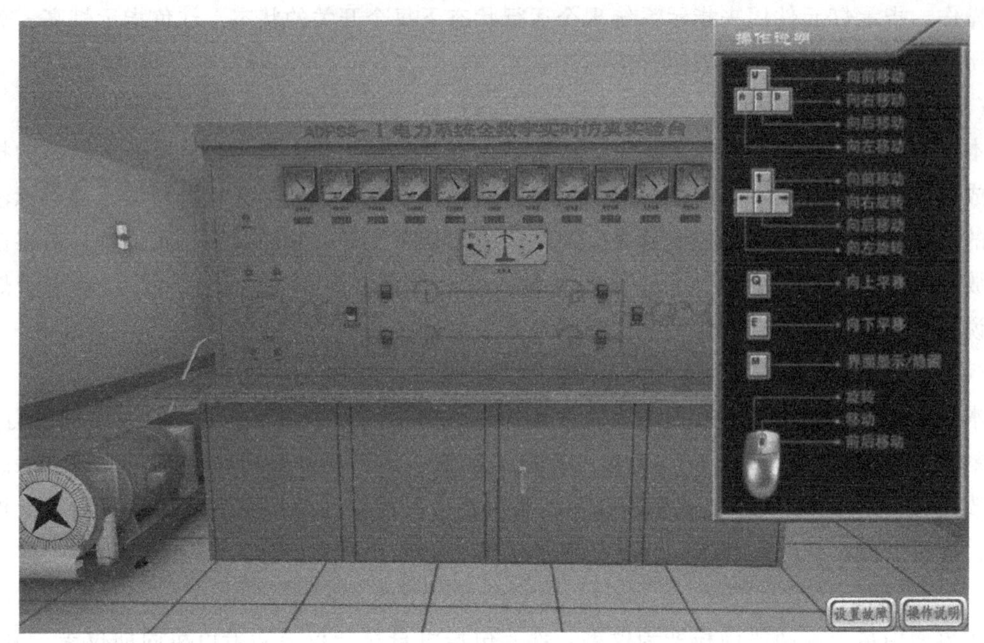

图 4-5 “操作说明”对话框

4.2 单机—无穷大系统稳态运行方式实验

1. 实验目的

1）掌握发电机的起机、并网操作过程，了解发电机有功功率、无功功率的调节原理。

2）了解和掌握对称稳定情况下，输电系统的各种运行状态与运行参数的数值变化范围。

3）了解和掌握输电系统稳态不对称运行条件、不对称运行对参数的影响、不对称运行对发电机的影响等。

4）了解单机带负荷运行方式下原动机的转速和功角与单机—无穷大系统运行方式下有什么不同。

2. 实验原理

（1）功率无限大电源条件：电源电压幅值和频率恒定

1）电源功率无限大时，外电路发生短路（一种扰动）引起的功率改变对于电源而言可以忽略不计，因此电源电压幅值和频率恒定（对于同步电机转速）。

2）功率无限大电流可以看作是由多个有限功率电源并联而成，因此其内阻抗为零，电源电压保持恒定。

实际上，功率无限大电源并不存在，只有在供电电源的内阻抗小于短路回路总阻抗的10%时，可以认为是功率无限大电源。

发电机并网的理想条件：

1）发电机电压与系统电压相等。

2）发电机频率与系统频率相等。

3）相位差等于零。

4）相序相同。

此外，本实验教学平台设置了测量系统，以测量各种电量（电流、电压、功率、频率）。同时，平台还具备模拟线路故障的功能。

在本系统中，单个发电机通过升压变压器经100km双回线路直接接到模拟无穷大系统，如图4-6所示，系统模型参数见附录。无穷大母线直接采用实验室的交流电源，因为它由市级电力系统供电，基本符合无穷大母线的条件。

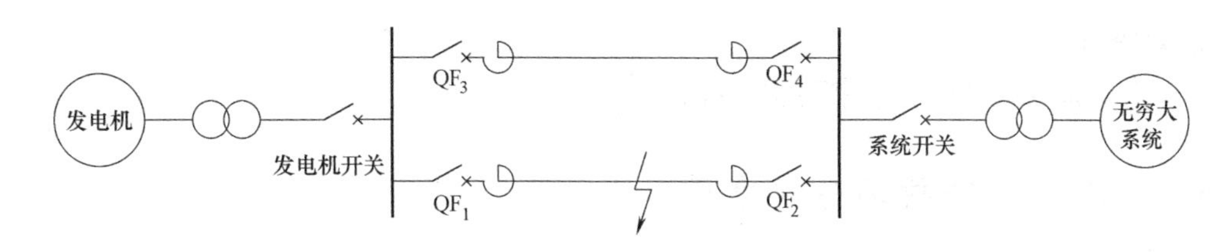

图4-6　实验系统图

（2）电力系统稳态运行

电力系统中各同步发电机只有在同步运行状态下其输出的电磁功率为定值，同时电力系统中各节点的电压及支路的功率潮流也都是定值，这就是电力系统的稳定运行状态。如果电力系统中各发电机时间不能保持同步，则发电机输出的电磁功率和全系统各节点电压及支路的功率将发生很大幅度的波动。如果不能使电力系统中各发电机间恢复同步运行，电力系统将持续地处于失步状态，即电力系统失去稳定的状态。

3. 预习要点

1）何为单机—无穷大系统？

2）发电机的起机、并网如何操作？

3）如何调节发电机有功功率、无功功率？

4）了解输电系统稳态不对称的运行条件。

4. 实验项目

（1）发电机的起机、并网

（2）双回路对称稳态运行有功功率、无功功率的调节

5. 实验方法

（1）发电机的起机、并网

原动机采用手动模拟方式开机，手动励磁，然后起机、建压、并网后调整发电机电压和原动机功率，使输电系统处于不同的运行状态（如输送功率的大小，线路首、末端电压差别等），观察记录线路首、末端的测量表计值及线路开关站的电压值，计算、分析、比较不同运行状态时运行参数变化的特点及数值范围，包括电压损耗、电压降落、沿线电压变化、两端无功功率的方向（根据沿线电压大小比较判断）等参数变化。

（2）双回路对称稳态运行有功功率、无功功率的调节

并网前的系统只有发电机开关是断开状态，其余五个断路器都是闭合状态，即只有发电机和无穷大系统是隔离的，成功起机、并网后系统运行在双回路对称稳态状态下。以上实验数据记录于表4-1中。

表 4-1 稳态运行实验数据

运行方式	测量值							
	P/W	Q/var	I/A	U_F/V	U_Z/V	U_α/V	ΔU/V	$\Delta\dot{U}$/V
双回路								

6. 实验报告

按照实验指导教师的要求书写实验报告。

4.3 电力系统故障分析实验

1. 实验目的

1）掌握分析输电线路故障性质的方法。

2）掌握各种故障（线路故障、发电机故障和变压器故障）对电力系统产生的影响。

3）了解电力系统在非全相运行时的状态，记录各电气量的值，并与理论分析进行对比。

2. 实验原理

凡造成电力系统运行不正常的任何连接和情况称为电力系统故障。电力系统故障的类型很多，主要包括以下几种：

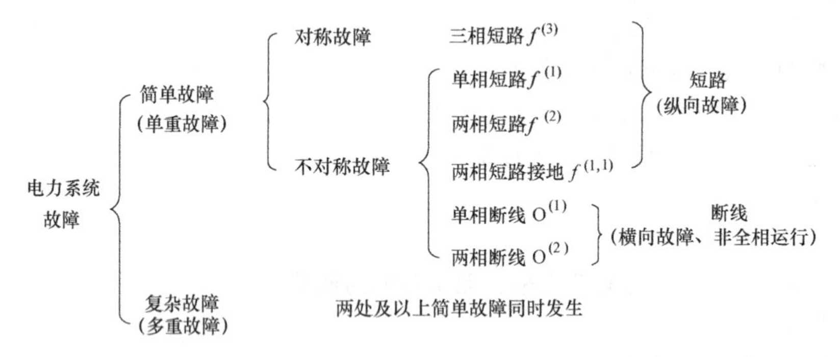

电力系统故障实验原理图如图 4-7 所示。发电机通过输电线路与无穷大系统相连。线路上设有一个故障点，通过手动设置可以实现上述所有短路故障和非全相运行状态。线路两端均装有 TV 和 TA，用来测量线路始端和末端的电压和电流，分析线路的故障地点和故障性质。

输电线路故障分析程序大致包括数据采集和故障相别、性质的分析两部分。

3. 预习要点

1）了解和分析电力系统故障类型。

2）预习电力系统各种故障对变压器、输电线路、发电机等的影响。

4. 实验项目

（1）电力系统短路故障实验

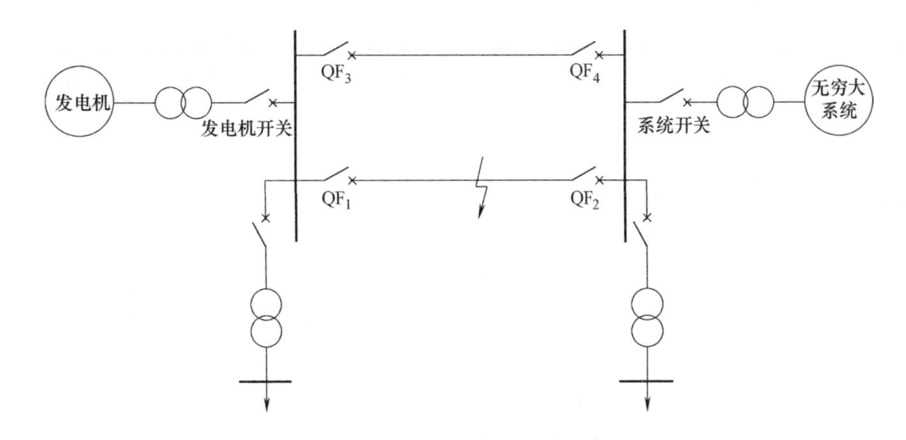

图 4-7　电力系统故障实验原理图

(2) 电力系统断线故障实验

5. 实验方法

1) 启动基于三维虚拟现实和 ADPSS 仿真系统的教学平台，等待加载完成。

2) 按下实验教学平台上的总控制按钮，接通系统电源。

3) 起动发电机，并且使之与系统同期并列运行。

4) 根据实验内容在控制台上设置故障，启动故障录波器录波。

5) 分析故障对系统产生的影响，如边界条件，故障对发电机、线路电压、线路电流的影响。

6) 在表 4-2 中记录实验数据，打开波形图，观察是否与分析相符。

7) 重新设置故障，重复步骤 4)、5)、6)，根据波形及实验数据分析故障类型，填写实验报告。

8) 完成表 4-2 中的四种故障类型实验。待系统恢复双回线稳态运行，单击实验平台上的“故障设置”按钮，然后单击“非全相运行”按钮，观察系统的运行状况，实时读取系统有功功率、无功功率、电压、电流等电气量，记录于表 4-3 中。

表 4-2　故障实验数据

故障类型	电流/A	电压/V	边界条件	动作时间	重合闸时间
单相接地	I_a = I_b = I_c = I_0 =	U_a = U_b = U_c = U_0 =			
两相短路	I_a = I_b = I_c = I_0 =	U_a = U_b = U_c = U_0 =			

（续）

故障类型	电流/A	电压/V	边界条件	动作时间	重合闸时间
两相接地	I_a = I_b = I_c = I_0 =	U_a = U_b = U_c = U_0 =			
三相短路	I_a = I_b = I_c = I_0 =	U_a = U_b = U_c = U_0 =			

表 4-3 非全相运行实验数据

运行方式	测量值							
	P/W	Q/var	I/A	U_F/V	U_Z/V	U_α/V	ΔU/V	$\Delta \dot{U}$/V
非全相运行								

6. 实验报告

按照实验指导教师的要求书写实验报告。

第 5 章　继电保护实验

5.1　继电保护实验界面和操作说明

继电保护实验包括三段式零序过电流保护实验、三段式距离保护实验、距离保护 I 段对比实验。四个实验的实验界面基本相同，下面以三段式零序过电流保护实验为例进行说明。实验界面如图 5-1 所示。

图 5-1　三段式零序过电流保护实验界面

本实验平台为虚拟现实的三维效果视图，以实际保护装置（南瑞）的操作界面为模板设计，具有很强的实践指导意义。下面介绍本实验平台面板内容的主要操作方法。

5.1.1　实验指导教师操作说明

本实验中，实验指导教师的操作和第 3 章变压器及电机实验中实验指导教师的操作方法一致，不再赘述。

5.1.2　实验者操作说明

实验过程中，实验者需要严格按照实验步骤在实验平台上完成一系列的实验操作，完成实验内容得到实验结果。实验者的操作主要是在三维虚拟现实实验平台上进行，下面以三段式零序过电流保护实验为例介绍继电保护实验平台的主要内容和主要操作技巧。

继电保护实验平台如图 5-2 所示。

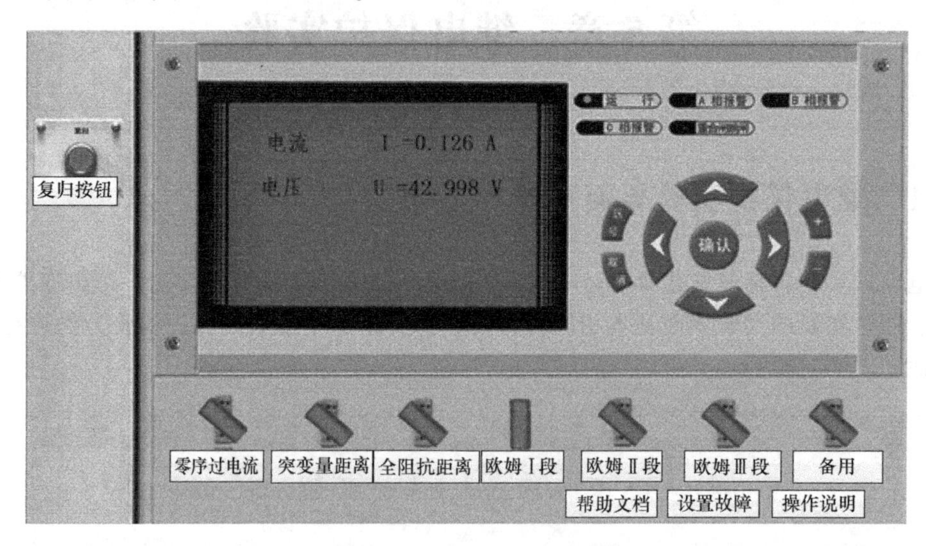

图 5-2　继电保护实验平台

本界面主要由复归按钮、模拟液晶显示屏、模拟软键盘、指示灯、保护压板指示和操作提示按钮组成。下面逐一介绍各个组成部分的用途和操作技巧。

（1）复归按钮

界面最左边一栏的按钮是复归按钮，鼠标左键单击后可以使保护装置恢复到系统故障之前的状态。

（2）模拟液晶显示屏

模拟液晶显示屏用来显示保护装置当下的运行状况以及电力系统的运行状态信息。如显示保护整定值、系统故障时显示保护装置动作信息等。

（3）模拟软键盘

模拟软键盘用来初始化保护装置。

（4）指示灯

指示灯直观地显示电力系统运行状态。绿色指示灯亮起表示系统正常运行；红色指示灯亮起表示系统发生故障，正在故障状态下运行。

（5）保护压板指示

保护压板指示直观地显示系统中保护装置的投退情况。按钮竖着表示相应的保护装置投入运行；按钮斜着表示相应的保护装置未投入运行。如图 5-2 表示系统中只投入欧姆Ⅰ段保护装置。

（6）操作提示按钮

操作提示按钮界面右下角右侧的两个按钮就是操作提示按钮，包括“设置故障”按钮和“操作说明”按钮。单击两个按钮分别出现“设置故障”对话框和“操作说明”对话框。再次单击相应的按钮可以返回主界面。如图 5-3、图 5-4 所示。

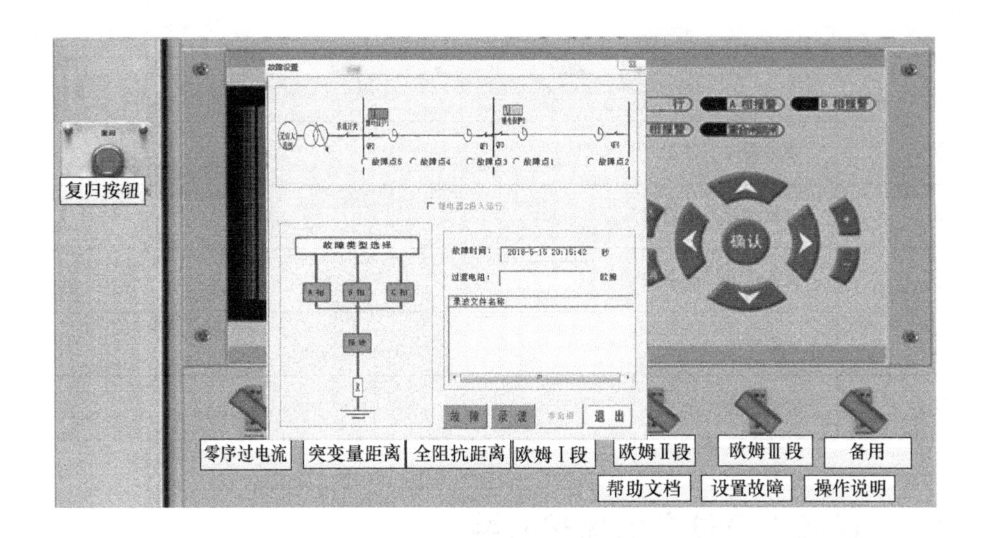

图 5-3　“设置故障”对话框

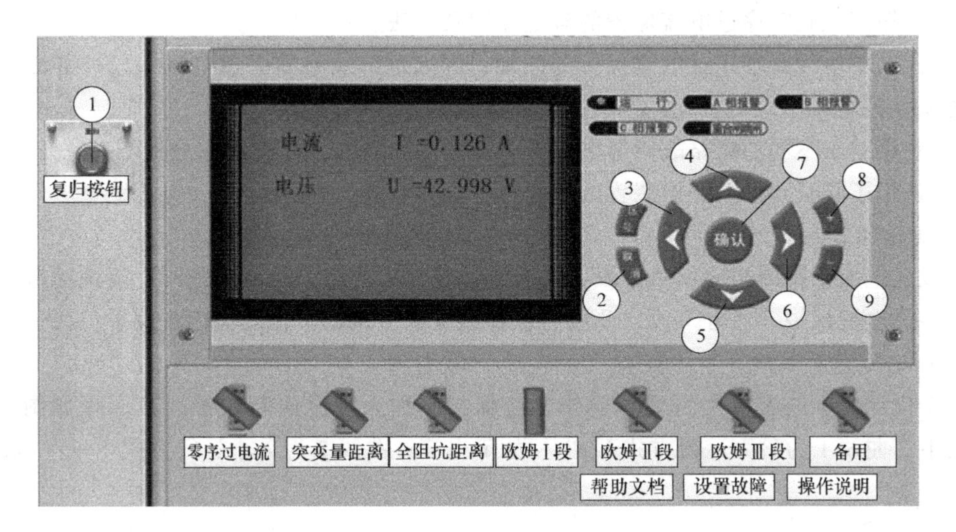

图 5-4　“操作说明”对话框

图 5-4 中的操作说明见表 5-1。

表 5-1　操作说明

按钮	作　　用
①	恢复故障之前的状态
②	取消操作进入上一层菜单
③	定值选定光标左移
④	进入菜单或进行菜单项向上移动

（续）

按钮	作　用
⑤	菜单项向下移动
⑥	定值选定光标右移
⑦	确认定值修改并发送数据
⑧	定值增加
⑨	定值减小

5.2　三段式零序过电流保护实验

1. 实验目的

1）掌握三段式零序过电流保护的整定原则及方法。

2）深入了解线路零序过电流保护的原理；深入理解线路零序过电流Ⅰ段、Ⅱ段、Ⅲ段保护的配合关系。

3）观察对于不同的线路故障继电保护装置的动作情况，并与理论分析作对比。

4）认识了解实际继电保护装置的操作技巧和方法。

2. 实验原理

三段式电流保护的构成：第Ⅰ段——电流速断保护；第Ⅱ段——限时电流速断保护；第Ⅲ段——过电流保护。通常Ⅰ段、Ⅱ段为保护装置的主保护，Ⅲ段为后备保护。

（1）电流速断保护（第Ⅰ段）

对于仅反应于电流增大而瞬时动作电流保护，称为电流速断保护。其原理如图5-5所示。图中，曲线1为最大运行方式下 $d^{(3)}$ 故障电流；曲线2为最小运行方式下 $d^{(2)}$ 故障电

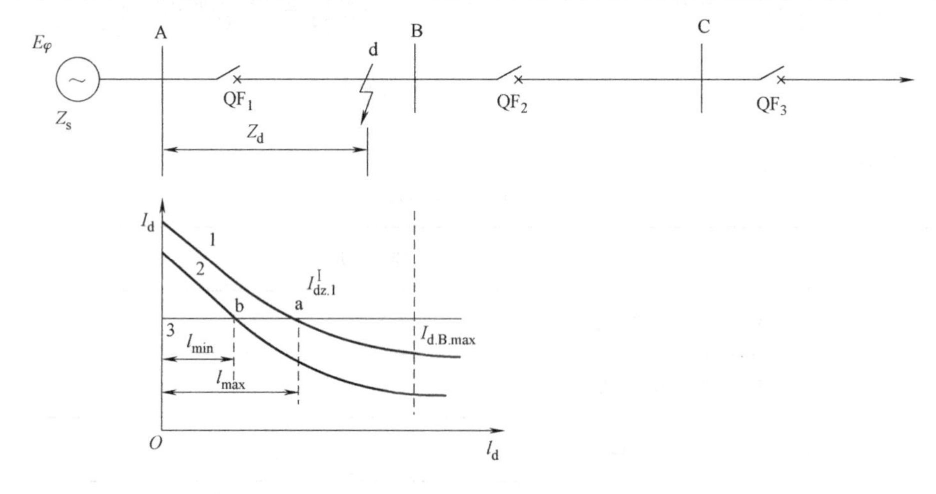

图5-5　电流速断保护原理

流；直线 3 为对应保护 1 第Ⅰ段动作电流。

1）短路电流计算。计算式为

$$I_{\mathrm{d}}^{(3)}=\frac{E_{\varphi}}{Z_{\mathrm{s.min}}+Z_{\mathrm{d}}}=\frac{E_{\varphi}}{Z_{\mathrm{s.min}}+Z_1 l_{\mathrm{d}}};\quad I_{\mathrm{d}}^{(2)}=\frac{\sqrt{3}}{2}\frac{E_{\varphi}}{Z_{\mathrm{s.max}}+Z'_{1l\mathrm{d}}} \tag{5-1}$$

式中，E_{φ} 为系统等效电源的相电动势；$Z_{\mathrm{s.max}}$ 为最大运行方式等值阻抗；$Z_{\mathrm{s.min}}$ 为最小运行方式等值阻抗；Z_1 为线路单位长度的正序阻抗；l_{d} 为线路长度；Z_{d} 为负荷阻抗。

可见，I_{d} 的大小与运行方式、故障类型及故障点位置有关。最大运行方式下，对每一套保护装置来讲，通过该保护装置的短路电流最大，对应系统阻抗 $Z_{\mathrm{s.min}}$；最小运行方式下，对每一套保护装置来讲，通过该保护装置的短路电流最小，对应系统阻抗 $Z_{\mathrm{s.max}}$。

2）整定计算及灵敏度校验。

① 整定计算：为了保护的选择性，动作电流按躲过本线路末端短路时的最大短路电流整定，即

$$I_{\mathrm{dz.1}}^{\mathrm{I}}=K_{\mathrm{k}}^{\mathrm{I}} I_{\mathrm{d.B.max}} \tag{5-2}$$

式中，$K_{\mathrm{k}}^{\mathrm{I}}$ 为可靠系数，$K_{\mathrm{K}}^{\mathrm{I}}=1.2\sim1.3$。

② 保护装置的动作电流：能使该保护装置起动的最小电流值，用电力系统一次侧参数表示为 I_{dz}。$I_{\mathrm{dz}}^{\mathrm{I}}$ 在图 5-5 中对应直线 3，与曲线 1、2 分别交于 a、b 点，可见有选择性的电流速断保护不可能保护线路的全长。

③ 灵敏度校验：用保护范围的大小来衡量 $l_{\max}$、$l_{\min}$，一般用 $l_{\min}$ 来校验，即 $\frac{l_{\min}}{l}\times100\%$。要求：$\frac{l_{\min}}{l}\times100\%\geqslant(15\sim20)\%$。校验方法有两种：一种是图解法，按比例作图，可求出最小保护范围；另一种是解析法。计算式为

$$I_{\mathrm{dz.1}}^{\mathrm{I}}=\frac{\sqrt{3}}{2}\frac{E_{\varphi}}{Z_{\mathrm{s.max}}+Z_1 l_{\mathrm{d.min}}} \tag{5-3}$$

$$\frac{l_{\min}}{l}\times100\%=\frac{1}{Z_{\mathrm{L}}}\left(\frac{\sqrt{3}}{2}\frac{E_{\varphi}}{I_{\mathrm{dz.1}}^{\mathrm{I}}}-Z_{\mathrm{s.max}}\right) \tag{5-4}$$

式中，$Z_{\mathrm{L}}=Z_1 l$ 为被保护线路全长的阻抗。

动作时间 $t^{\mathrm{I}}=0$。

3）小结。

① 电流速断保护仅靠动作电流值来保证其选择性。

② 电流速断保护能无延时地保护本线路的一部分，但不是一个完整的电流保护。

（2）限时电流速断保护（第Ⅱ段）

1）要求。

① 任何情况下都能保护线路全长，并具有足够的灵敏性。

② 在满足要求①的前提下，力求动作时限最小。

因动作带有延时，故称为限时电流速断保护。

2）整定计算和灵敏度校验。为保证选择性及最小动作时限，首先考虑其保护范围不超出下一条线路第Ⅰ段的保护范围，即整定值与相邻线路第Ⅰ段配合。此时有：动作电流

$I_{dz.1}^{\text{II}}=K_k^{\text{II}}I_{dz.2}^{\text{I}}$，$K_k^{\text{II}}=1.1\sim1.2$；动作时间 $t^{\text{II}}=t^{\text{I}}+\Delta t$，$\Delta t$ 称为时间阶梯，取 0.5s；灵敏度 $K_{lm}=\dfrac{I_{d.B.min}}{I_{dz.1}^{\text{II}}}$，要求 $K_{lm}\geqslant1.3\sim1.5$。

若灵敏度不满足要求，则与相邻线路第Ⅱ段配合。此时有动作电流 $I_{dz.1}^{\text{II}}=K_k^{\text{II}}I_{dz.2}^{\text{II}}$；动作时间 $t_1^{\text{II}}=t_2^{\text{II}}+\Delta t$。

3）构成。与第Ⅰ段类同，但必须增加一个时间继电器，由时间继电器的延时触点去起动出口中间继电器。

4）小结。

① 限时电流速断保护的保护范围大于本线路全长。

② 依靠动作电流值和动作时间共同保证其选择性。

③ 与第Ⅰ段共同构成被保护线路的主保护，兼作第Ⅰ段的后备保护。

（3）定时限过电流保护（第Ⅲ段）

1）作用：作为本线路主保护的近后备保护以及相邻线下一线路保护的远后备保护。定时限过电流保护的起动电流按躲过最大负荷电流来整定，该保护不仅能保护本线路全长，且能保护相邻线路的全长。

2）整定计算和灵敏度校验。如图 5-6 所示。

① 动作电流按躲过最大负荷电流整定，即 $I_{dz.1}^{\text{III}}=K_k^{\text{III}}I_{f.max}$。在外部故障切除后，电动机自起动时应可靠返回。

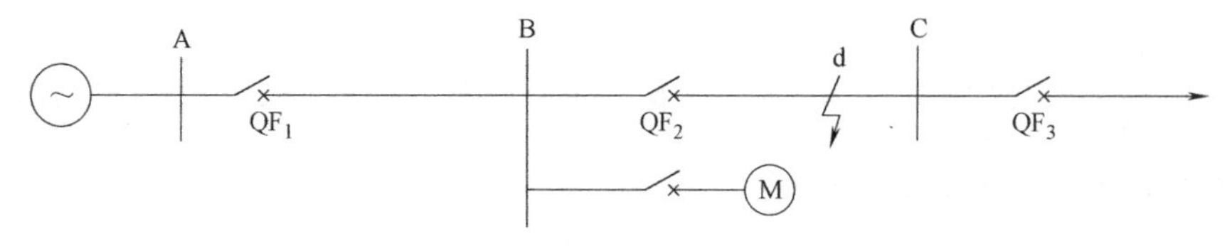

图 5-6 整定计算和灵敏度校验

电动机自起动电流要大于其正常工作电流，因此引入自起动系数 K_{Zq}，即

$$I_{Zq.max}=K_{Zq}I_{f.max}I_h=K_k^{\text{III}}I_{Zq.max}=K_k^{\text{III}}K_{Zq}I_{f.max} \tag{5-5}$$

$$I_{dz}^{\text{III}}=\frac{I_h}{K_h}=\frac{K_k^{\text{III}}k_{Zq}}{K_h}I_{fmax} \tag{5-6}$$

式中，$K_k^{\text{III}}=1.15\sim1.25$；$K_{Zq}=1.3\sim3$；$K_h=0.85$。

显然，应按式（5-6）计算动作电流，且由式（5-6）可见，K_h 越大，I_{dz}^{III} 越小，灵敏性 K_{lm} 越大。因此，为了提高灵敏系数，要求继电器有较高的返回系数（过电流继电器的返回系数为 0.85~0.9）。

② 动作时间。电网中某处发生短路故障时，从故障点至电源之间所有线路上电流保护第Ⅲ段的测量元件均有可能动作。例如，图 5-7 中 d_1 短路时，保护 1~4 都可能起动。为了保证选择性，必须增加延时元件且其动作时限必须相互配合，即 $t_1^{\text{III}}>t_2^{\text{III}}>t_3^{\text{III}}>t_4^{\text{III}}$；其中，$t_3^{\text{III}}=t_4^{\text{III}}+\Delta t$；$t_2^{\text{III}}=t_3^{\text{III}}+\Delta t$；$t_1^{\text{III}}=t_2^{\text{III}}+\Delta t$。以此类推，这就是定时限过电流保护阶梯时间特性。

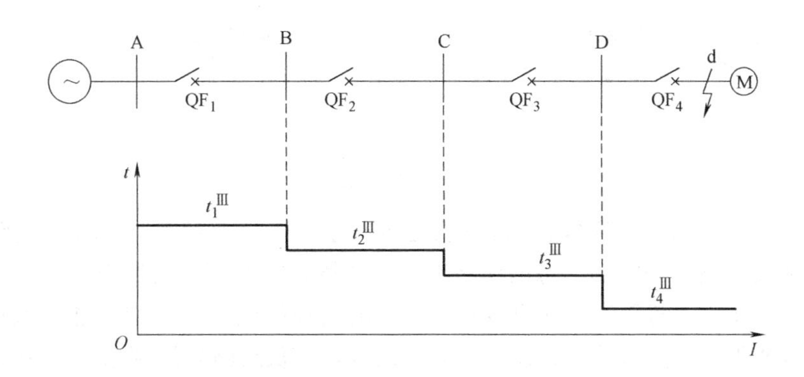

图 5-7　定时限过电流保护阶梯时间特性

注意：当相邻线路有多个元件，应选择与相邻线路时限最长的保护配合。

③ 灵敏度校验。近后备保护：$K_{lm1}^{\mathrm{III}}=\dfrac{I_{\mathrm{d1.min}}}{I_{\mathrm{dz}}^{\mathrm{III}}}\geqslant 1.3$，其中 $I_{\mathrm{d1.min}}$ 为本线路末端短路时的短路电流；远后备保护：$K_{lm2}^{\mathrm{III}}=\dfrac{I_{\mathrm{d2.min}}}{I_{\mathrm{dz}}^{\mathrm{III}}}\geqslant 1.2$，其中 $I_{\mathrm{d2.min}}$ 为相邻线路末端短路时的短路电流。

3）构成。与第Ⅱ段相同，只是电流继电器的整定值与时间继电器整定值不同。

4）小结。

① 第Ⅲ段的 I_{dz} 比第Ⅰ、Ⅱ段的 I_{dz} 小得多，其灵敏度比第Ⅰ、Ⅱ段更高。

② 在后备保护之间，只有灵敏系数和动作时限都互相配合时，才能保证选择性。

③ 保护范围是本线路和相邻下一线路全长。

④ 电网末端第Ⅲ段的动作时间可以是保护中所有元件的固有动作时间之和（可瞬时动作），因此可不设电流速断保护；末级线路保护亦可简化（Ⅰ段+Ⅲ段或Ⅱ段+Ⅲ段），越接近电源 t^{III} 越长，应设三段式电流保护。

3. 预习要点

1）线路零序过电流Ⅰ段、Ⅱ段、Ⅲ段保护的基本原理。

2）三段式零序过电流保护的整定原理及方法。

3）线路零序过电流Ⅰ段、Ⅱ段、Ⅲ段保护的配合关系。

4）过渡电阻对三段式零序过电流保护的影响。

4. 实验项目

1）零序过电流保护的整定。

2）探究继电保护装置的动作情况。

3）探究三段式零序过电流保护的配合情况。

5. 实验方法

（1）实验设备

基于三维虚拟现实和 ADPSS 仿真系统的实验平台、ADPSS 仿真系统等。

（2）实验接线图及其原理

实验接线图如图 5-8 所示。

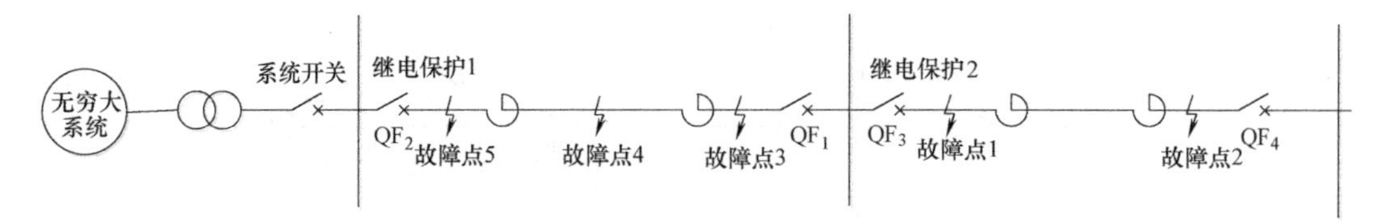

图 5-8 实验接线图

仿真系统为无穷大系统带两段线路空载运行，系统电压等级为 110kV，线路总长度为 200km，其中两段线路各 100km。每回线路出线端和线路末端都装有断路器，即 QF_1、QF_2、QF_3、QF_4 和系统开关，两段线路的出线端都装有继电保护装置，分别为继电保护 1 和继电保护 2，如图 5-8 所示。实验线路共设置了五个故障点，从线路始端到末端分别为故障点 5、故障点 4、故障点 3、故障点 1 和故障点 2，它们分别对应第一段线路始端、中点、末端故障和第二段线路始端、终端故障。

（3）三段式零序过电流保护整定计算

根据三段式零序过电流保护的整定原理、方法和系统参数，对继电保护 1 进行零序过电流Ⅰ段、Ⅱ段、Ⅲ段整定计算，并将数据记录于表 5-2 和表 5-3 中。

表 5-2 保护压板控制

保护压板控制					
投零序过电流保护	投工频变化量阻抗保护	投全阻抗继电器	投Ⅰ段接地距离保护	投Ⅱ段接地距离保护	投Ⅲ段接地距离保护

表 5-3 整定值

类型	序号	名称	单位	整定值	备注
整定值	1	零序过电流Ⅰ段整定值	A		整定值全部都是二次、有名值。阻抗整定值为阻抗值，即阻抗复数的模值
	2	零序过电流Ⅱ段整定值	A		
	3	零序过电流Ⅱ段时间	s		
	4	零序过电流Ⅲ段整定值	A		
	5	零序过电流Ⅲ段时间	s		
	6	线路正序电抗	Ω/km		
	7	线路正序电阻	Ω/km		
	8	线路零序电抗	Ω/km		
	9	线路零序电阻	Ω/km		
	10	线路总长度	km		
	11	接地距离Ⅰ段整定值	Ω		
	12	接地距离Ⅱ段整定值	Ω		
	13	接地距离Ⅱ段时间	s		
	14	接地距离Ⅲ段整定值	Ω		
	15	接地距离Ⅲ段时间	s		

（4）观察继电保护装置 1 的动作情况

启动基于三维虚拟现实场景和 ADPSS 仿真系统的教学实验平台，单击“零序三段式过电流保护实验”按钮，进入三维界面。单击“向下”键，进入菜单页，选择“保护压板”和“定值修改”菜单项，分别按表 5-2 保护压板控制和表 5-3 整定值内容在保护装置上进行修改，修改完毕单击“确定”按钮返回主菜单页。然后再单击“定值查看”按钮，检查核对整定值有无错误，确认无误后返回主菜单页。最后再单击“定值下载”按钮，将整定值写入保护装置。

在主菜单页单击“设置故障”按钮，依次在故障点 3~5 设置金属性单相接地短路，观察继电保护 1 的零序过电流保护动作情况（Ⅰ段或者Ⅱ段）以及零序电流值，并将数据记录于表 5-4 中。然后根据故障报告绘制零序电流—故障距离曲线。

表 5-4　继电保护 1 故障报告

故障点	故障报告			
	故障相	三段保护动作情况	零序动作电流	动作时刻
故障点 3				
故障点 4				
故障点 5				

（5）探究三段式零序过电流保护的配合情况

启动基于三维虚拟现实场景和 ADPSS 仿真系统的教学实验平台后，默认情况下继电保护 2 不投入。在主菜单页先单击“投继电保护 2”，然后单击“设置故障”按钮，依次从故障点 2、故障点 1、故障点 5、故障点 4、故障点 3 设置金属性单相接地故障，在投入继电保护 2 的情况下，观察继电保护 1 的动作情况，并且将观察数据记录于表 5-5 中；然后返回主菜单页，退出“投继电保护 2”，再按同样的顺序重做故障实验，观察继电保护 1 的动作情况，并将动作情况记录于表 5-6 中。

表 5-5　继电保护 2 投入

故障点	故障报告			
	故障相	三段保护动作情况	零序动作电流	动作时刻
故障点 2				
故障点 1				
故障点 5				
故障点 4				
故障点 3				

6. 实验报告

1）详细给出整定计算的全过程。

2）观察继电保护 1 的动作情况，根据故障报告绘制零序电流—故障距离曲线。

表 5-6　继电保护 2 不投入

故障点	故障报告			
	故障相	三段保护动作情况	零序动作电流	动作时刻
故障点 2				
故障点 1				
故障点 5				
故障点 4				
故障点 3				

3）在探究三段式零序过电流保护的配合情况后，根据得到的数据结果，分析继电保护装置在上述各种情况下的动作行为是否正确，并给出解释。

5.3　三段式距离保护实验

1. 实验目的

1）掌握三段式接地距离保护的整定原则及方法。

2）深入了解线路距离保护的原理；深入理解线路接地距离保护Ⅰ段、Ⅱ段、Ⅲ段的配合关系。

3）观察对于不同的线路故障继电保护装置的动作情况，并与理论分析作对比。

4）认识并了解实际继电保护装置的操作技巧和方法。

2. 实验原理

（1）距离保护原理

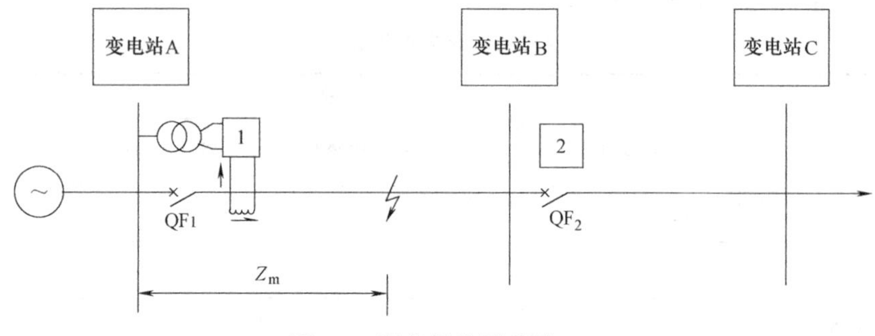

图 5-9　距离保护原理图

如图 5-9 所示，线路正常运行时，保护安装处的测量电压 $\dot{U}_m$ 与测量电流 $\dot{I}_m$ 之比为测量阻抗 Z_m，即

$$Z_m=\frac{\dot{U}_m}{\dot{I}_m}=Z_1L+Z_{Ld} \tag{5-7}$$

式中，$\dot{U}_m$ 为测量电压；$\dot{I}_m$ 为测量电流；Z_m 为测量阻抗；Z_1 为线路单位长度的正序阻抗值；L 为线路长度；Z_{Ld} 为负荷阻抗。

当线路发生相间故障时

$$Z_m = \frac{\dot{U}_m}{\dot{I}_m} = Z_1 L_k \tag{5-8}$$

式中，L_k 为故障点到保护安装处之间的距离。

比较式（5-7）与式（5-8）可知，故障时的测量阻抗明显变小，且故障时的测量阻抗大小与故障点到保护安装处之间的距离成正比。只要测量出这段距离阻抗的大小，也就等于测出了线路长度。这种反应故障点到保护安装处之间的距离，并根据这一距离的远近决定动作时限的保护，称为距离保护。距离保护实质上是反应随阻抗的降低而动作的阻抗保护。

当线路发生接地故障时，为了保证测量阻抗与故障点至保护安装处之间的距离成正比，必须考虑零序电流的影响，通常采用具有零序电流补偿的方法，即

$$Z_m = \frac{\dot{U}_m}{\dot{I}_m + K3\dot{I}_0} \tag{5-9}$$

式中，$3\dot{I}_0$为保护安装处流向被保护线路的零序电流；K 为零序电流补偿系数。

大电流接地系统距离保护包括三段式相间距离保护和三段式接地距离保护，有些保护装置还配置四段四边形相间、接地距离继电器作为远后备保护。小电流接地系统距离保护包括三段式相间距离保护，一般只在过电流保护灵敏度过低时使用。距离保护各段的投退均受距离压板控制。

（2）距离保护的时限特性

距离保护的动作时限与故障点至保护安装处之间的距离的关系，称为距离保护的时限特性。目前广泛应用的是三段式阶梯时限特性的距离保护。

为了保证选择性，距离Ⅰ段的保护范围应限制在本线路内，其动作阻抗应小于线路阻抗，通常其保护范围为被保护线路全长的 80%～85%。

距离Ⅱ段的保护范围超出本线路全长，才能保护线路全长，所以应与下一线路Ⅰ段相配合，即不超出下一线路Ⅰ段保护范围，动作时限也与之配合。

三段式距离保护的阶梯形时限特性如图 5-10 所示。

距离保护Ⅲ段作为Ⅰ、Ⅱ段的近后备保护又作相邻下一线路距离保护和断路器拒动时的远后备保护。距离Ⅲ段整定阻抗的选择按躲过正常运行时的最小负荷阻抗整定。Ⅲ段保护范围较大，所以其动作时限也按阶梯时限原则整定。即

$$t_1^{\mathrm{III}} = t_2^{\mathrm{III}} + \Delta t \tag{5-10}$$

除了采用三段式距离保护外，也可以采用两段式距离保护。

（3）距离保护主要组成元件

距离保护的主要组成元件有五个部分：起动元件、测量元件、方向元件、时间元件和闭锁元件。

1）起动元件。当线路发生短路时，立即起动整套保护装置，以判断短路点是否在被保护线路的保护范围内。起动元件一般具有较高的灵敏度，目前起动元件有突变量电流起动元

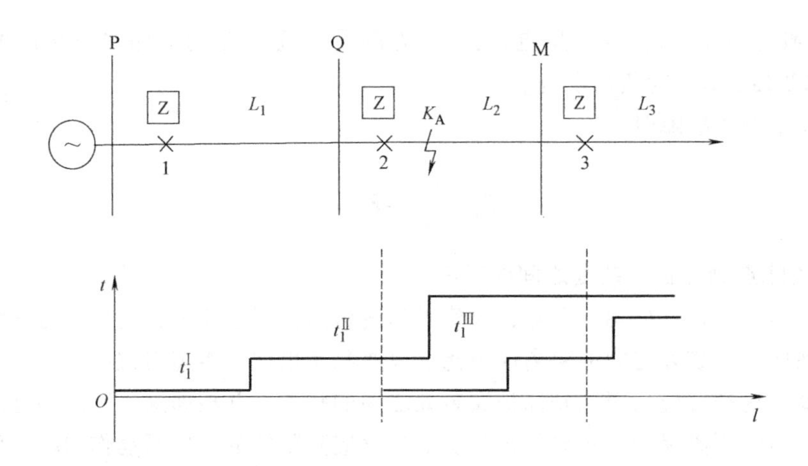

图 5-10　三段式距离保护的阶梯形时限特性

件、负序电流起动元件、零序电流与负序电流复合起动元件等。

2）测量元件。测量故障点至保护安装处之间的距离，以决定保护是否动作。测量元件是距离保护的核心元件，距离保护的Ⅰ、Ⅱ、Ⅲ段各有一个测量元件，分别用来判断各自保护区内的故障。

距离测量元件以实时电压、实时电流计算对应回路阻抗值。阻抗计算采用解微分方程与傅里叶滤波相结合的方法，同时计算 Z_A、Z_B、Z_C、Z_{AB}、Z_{BC}、Z_{CA} 六种阻抗。

相间阻抗的计算式为

$$\dot{U}_{ij}=L_{ij}\frac{\mathrm{d}\dot{I}_{ij}}{\mathrm{d}t}+R\dot{I}_{ij}\ (ij=\mathrm{A,B,C},i\neq j) \tag{5-11}$$

接地阻抗的计算式为

$$\dot{U}_i=L_i\frac{\mathrm{d}\dot{I}_i+K_X 3\dot{I}_0}{\mathrm{d}t}+R\dot{I}_i(\dot{I}_i+K_r 3\dot{I}_0)\ (i=\mathrm{A,B,C}) \tag{5-12}$$

式中，$K_X=(\dot{X}_0-\dot{X}_1)/3\dot{X}_1$；$K_r=(R_0-R_1)/3R_1$；故障电抗 $X=2\pi fL$。

3）方向元件。测量短路点是否在保护的正方向，以防止反方向短路时保护误动作。对于出口短路或三相短路，为了防止阻抗继电器死区拒动，距离保护采用记忆电压判别方向（故障前电压前移两周波后，同故障后电流相比）。对于不对称故障，距离保护采用负序方向元件提高其灵敏度。

4）时间元件。建立延时段的时限，以保证距离保护的选择性。

5）闭锁元件。非短路故障情况下，防止保护误动作。主要防止电压互感器二次侧断线使得测量阻抗为零，从而引起保护误动作；以及电力系统发生系统振荡时，振荡中心处于保护区内或附近引起距离保护误动作的情况。

（4）距离保护的动作特性

1）阻抗元件的动作特性。线路阻抗在复平面上是一条直线，为了能反应线路阻抗，距离保护的测量元件通常有多种动作特性，如圆动作特性、扩展圆动作特性、多边形动作特性及复合特性等。

无论测量元件是哪种动作特性，都以闭合曲线内部为动作区，如圆动作特性测量元件，其圆内为动作区，故障点落在圆内即动作。

2）圆动作特性阻抗元件。根据动作特性圆在阻抗复平面上位置和大小的不同，圆动作特性又可分为偏移圆特性、方向圆特性、全阻抗圆特性和上抛圆特性等。偏移圆特性、方向圆特性和阻抗圆特性如图 5-11 所示。

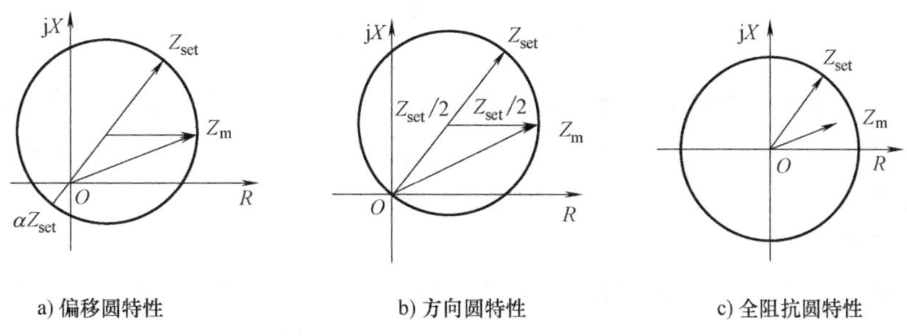

图 5-11 圆动作特性阻抗元件

① 偏移圆特性。偏移圆特性的动作区域如图 5-11a 所示，它有两个整定阻抗，即正方向整定阻抗 Z_{set} 和反方向整定阻抗$-\alpha Z_{set}$，α 为偏移度，通常约为 10%。两整定阻抗对应矢量末端的连线就是特性圆的直径。特性圆包括坐标原点，圆心位于（$1-\alpha$）$Z_{set}/2$ 处，半径为（$1+\alpha$）$Z_{set}/2$。圆内为动作区，圆外为非动作区，当测量阻抗正好落在圆周上时，阻抗继电器临界动作。

对应于该特性的动作方程，可以有两种不同的表达形式，一种是比较两个量大小的绝对值比较原理表达式；另一种是比较两个量相位的相位比较原理表达式，分别称为绝对值（或幅值）比较动作方程和相位比较动作方程，即

$$\left|Z_m-\frac{1-\alpha}{2}Z_{set}\right| \leqslant \left|\frac{1+\alpha}{2}Z_{set}\right| \tag{5-13}$$

$$-90° \leqslant \arg\frac{Z_{set}-Z_m}{\alpha Z_{set}+Z_m} \leqslant 90° \tag{5-14}$$

② 方向圆特性。在偏移圆特性中，如果令 $\alpha=0$，Z_{set} 为直径，则动作特性变化成方向圆特性，动作区域如图 5-11b 所示。特性圆经过坐标原点处，圆心位于 $Z_{set}/2$ 处，半径为 $Z_{set}/2$。可得方向圆特性的绝对值比较动作方程为

$$\left|Z_m-\frac{1}{2}Z_{set}\right| \leqslant \left|\frac{1}{2}Z_{set}\right| \tag{5-15}$$

将 $\alpha=0$ 代入式（5-14），可得方向圆特性的相位比较动作方程为

$$-90° \leqslant \arg\frac{Z_{set}-Z_m}{Z_m} \leqslant 90° \tag{5-16}$$

与偏移阻抗特性类似，方向圆特性对于不同的 Z_m 阻抗角，动作阻抗也是不同的。在整定阻抗方向上，动作阻抗最大，正好等于整定阻抗，其他方向的动作阻抗都小于整定阻抗，在整定阻抗的相反方向，动作阻抗降为零，即在反方向没有动作区，反向故障时不会动作，阻抗元件本身具有方向性。方向特性的阻抗元件一般用于距离保护的主保护段（Ⅰ段和Ⅱ段）中。

③ 全阻抗圆特性。在偏移圆特性中，如果令 $\alpha=1$，Z_{set} 为半径，则动作特性变化成全阻抗圆特性，动作区域如图 5-11c 所示。特性圆的圆心位于坐标原点处，半径为 Z_{set}。

将 $\alpha=1$ 代入式（5-13），可得全阻抗圆特性的绝对值比较动作方程为

$$|Z_m| \leqslant |Z_{set}| \tag{5-17}$$

全阻抗圆特性的相位比较动作方程为

$$-90° \leqslant \arg \frac{Z_{set}-Z_m}{Z_{set}+Z_m} \leqslant 90° \tag{5-18}$$

全阻抗圆特性在各个方向上的动作阻抗都相同，它在正方向或反方向故障的情况下具有相同的保护区，即阻抗元件本身不具有方向性。全阻抗元件可以应用于单侧电源系统中，当应用于多侧电源系统时，应与方向元件相配合。

（5）影响距离保护正确工作的因素

影响距离保护正确工作的因素较多，最主要的影响因素有故障点的过渡电阻、故障点与保护安装处之间的分支电流、电压互感器二次回路断线、系统振荡、串联补偿电容、电流互感器和电压互感器误差等。

下面分别就过渡电阻、分支电流、电压互感器二次回路断线及系统振荡等影响因素进行分析，并得出相应的消除措施。

1）过渡电阻的影响。过渡电阻对不同动作特性的阻抗元件的影响不同。由图 5-12 可以看出，过渡电阻对圆动作特性的阻抗元件影响很大，对于四边形动作特性的阻抗元件影响较小，这是因为四边形动作特性是从过渡电阻的角度考虑而设计。

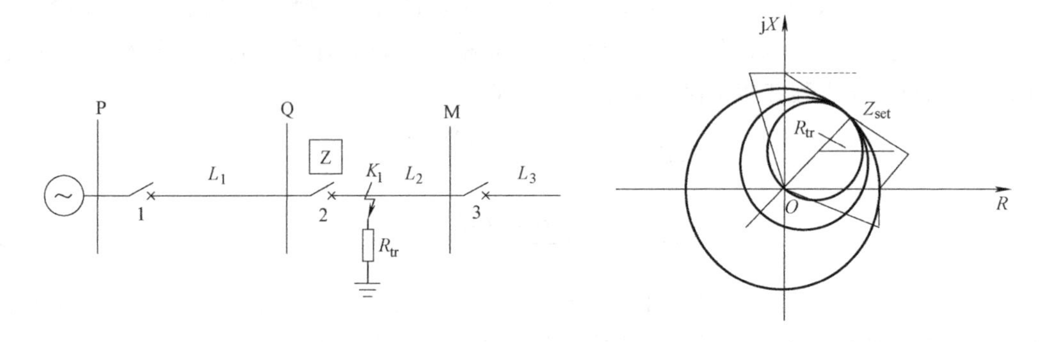

图 5-12　过渡电阻对阻抗元件的影响

过渡电阻主要是电弧电阻，其阻值随时间变化，由经验公式可得其大小为

$$R_{tr}=1050\frac{L_L}{I_k} \tag{5-19}$$

式中，L_L 为电弧长度（m）；I_k 为短路电流有效值（A）。

过渡电阻 R_{tr} 的最大值出现在短路后的 0.3~0.5s，所以 R_{tr} 对距离保护第Ⅱ段的影响最大。

消除措施：①使用四边形动作特性的测量元件；②使用能完全躲开过渡电阻的算法。

2）分支电流的影响。

① 助增电流的影响。如图 5-13a 所示，在点 K 处短路时，距离保护的测量阻抗为

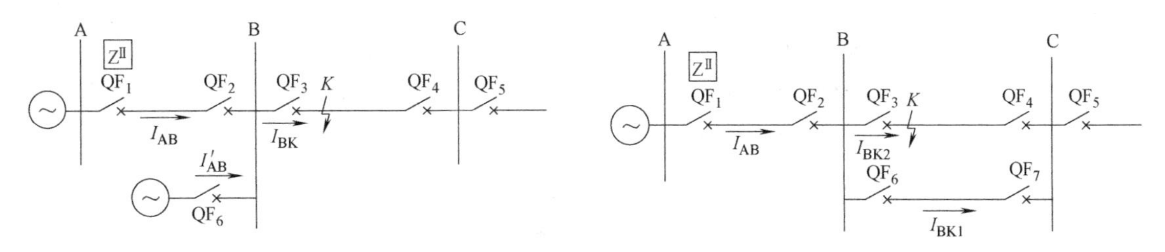

a) 具有助增电流的网络图　　b) 具有汲出电流的网络图

图 5-13　分支电流网络图

$$Z_{\rm m}=\frac{\dot{I}_{\rm AB}Z_1L_{\rm AB}+\dot{I}_{\rm BK}Z_1L_{\rm k}}{\dot{I}_{\rm AB}}=Z_1L_{\rm AB}+\frac{\dot{I}_{\rm BK}}{\dot{I}_{\rm AB}}Z_1L_{\rm k}=Z_1L_{\rm AB}+K_{\rm bra}Z_1L_{\rm k} \tag{5-20}$$

式中，$K_{\rm bra}$ 为分支系数；且 $K_{\rm bra}=\frac{\dot{I}_{\rm BK}}{\dot{I}_{\rm AB}}$。一般情况下可认为$\dot{I}_{\rm AB}$与$\dot{I}_{\rm BK}$同相位，即 $K_{\rm bra}$ 为实数，考虑助增电流的影响，$K_{\rm bra}>1$。

由于助增电流的存在，距离保护Ⅱ段的测量阻抗将增大，使其保护范围缩短。

② 汲出电流的影响。如图 5-13b 所示，K 点短路时，距离保护的测量阻抗为

$$Z_{\rm m}=\frac{\dot{I}_{\rm AB}Z_1L_{\rm AB}+\dot{I}_{\rm BK2}Z_1L_{\rm k}}{\dot{I}_{\rm AB}}=Z_1L_{\rm AB}+\frac{\dot{I}_{\rm BK2}}{\dot{I}_{\rm AB}}Z_1L_{\rm k}=Z_1L_{\rm AB}+K_{\rm bra}Z_1L_{\rm k} \tag{5-21}$$

由于汲出电流的存在，距离保护Ⅱ段的测量阻抗将减小，使其保护范围扩大。

分支系数的大小与系统运行方式有关，在整定时分支系数取各种可能运行方式下的最小值。当运行方式改变使分支系数增大时，只会使其测量阻抗增大，保护范围缩小，不会造成无选择的动作。

3. 预习要点

1）线路接地距离保护Ⅰ段、Ⅱ段、Ⅲ段的基本原理及其之间的配合关系。

2）线路距离保护的整定原理及方法。

3）接地距离方向阻抗继电器的动作圆特性和动作方程。

4）过渡电阻对线路接地距离保护Ⅰ段、Ⅱ段、Ⅲ段的影响。

4. 实验项目

1）方向阻抗三段式的整定。

2）探究金属性接地继电保护装置的动作情况。

3）探究过渡电阻动作情况，分析过渡电阻对接地距离保护的影响。

5. 实验方法

（1）实验设备

基于三维虚拟现实和 ADPSS 仿真系统的实验平台、ADPSS 仿真系统等。

（2）实验系统接线图及其原理

实验接线图如图 5-14 所示。

仿真系统为无穷大系统带两段线路空载运行，系统电压等级为 110kV，线路总长度为 200km，其中两段线路各 100km。每回线路出线端和线路末端都装有断路器，即 QF_1、QF_2、

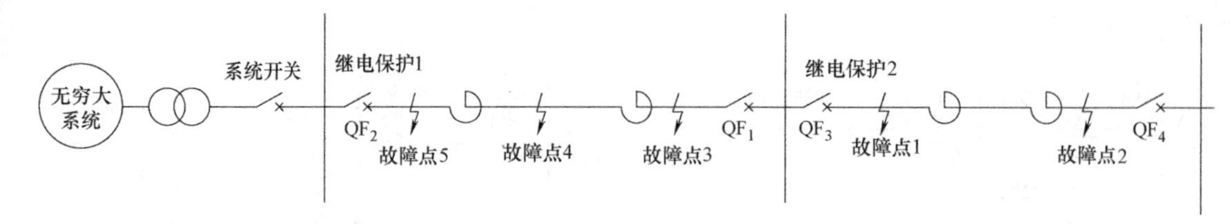

图 5-14　实验接线图

QF_3、QF_4 和系统开关，两段线路的出线端都装有继电保护装置，分别为继电保护 1 和继电保护 2。实验线路上设置了五个故障点，从线路始端到末端分别为故障点 5、故障点 4、故障点 3、故障点 1、故障点 2，分别对应第一段线路始端、中点、末端故障和第二段线路始端、终端故障。

（3）接地距离保护方向阻抗三段式整定计算

根据方向阻抗三段式的整定原理、方法和系统参数，分别按照线路阻抗的 85%、120% 和 240%整定阻抗，动作时间分别为 0、0.5s、1s。对继电保护 1 进行方向阻抗Ⅰ段、Ⅱ段、Ⅲ段整定计算，并将整定数据记录于表 5-7、表 5-8 中。

表 5-7　保护压板控制

保护压板控制					
投零序过电流保护	投工频变化量阻抗保护	投全阻抗继电器	投Ⅰ段接地距离保护	投Ⅱ段接地距离保护	投Ⅲ段接地距离保护

注：本实验中继电保护 2 默认不投入，而且实验过程中不允许修改。

表 5-8　整定值

类型	序号	名称	单位	整定值	备注
整定值	1	零序过电流Ⅰ段整定值	A		整定值全部都是二次、有名值。阻抗整定值为阻抗值，即阻抗复数的模值
	2	零序过电流Ⅱ段整定值	A		
	3	零序过电流Ⅱ段时间	s		
	4	零序过电流Ⅲ段整定值	A		
	5	零序过电流Ⅲ段时间	s		
	6	线路正序电抗	Ω/km		
	7	线路正序电阻	Ω/km		
	8	线路零序电抗	Ω/km		
	9	线路零序电阻	Ω/km		
	10	线路总长度	km		
	11	接地距离Ⅰ段整定值	Ω		
	12	接地距离Ⅱ段整定值	Ω		
	13	接地距离Ⅱ段时间	s		
	14	接地距离Ⅲ段整定值	Ω		
	15	接地距离Ⅲ段时间	s		

(4) 观察继电保护 1 的动作情况

启动基于三维虚拟现实场景和 ADPSS 仿真系统的教学实验平台，单击“接地距离方向阻抗继电器三段特性实验（仅作 A 相）”按钮，进入三维界面。单击“向下”键，进入菜单页，选择“保护压板”和“定值修改”菜单项，分别按表 5-7 和表 5-8 保护压板和整定值内容在保护装置上进行修改，修改完毕单击“确定”按钮返回主菜单页。然后再单击“定值查看”按钮，检查核对整定值有无错误，确认无误后返回主菜单页。最后再单击“定值下载”按钮，将定值写入保护装置。

在主菜单页单击“设置故障”按钮，依次在故障点 1~5 分别设置 A 相金属性接地故障(故障时间>1.5s)，观察三段式方向阻抗继电器的动作情况，观察继电保护 1 的动作情况（Ⅰ段或者Ⅱ段或者Ⅲ段）以及动作阻抗值，并将数据记录于表 5-9 中。

由故障报告分析继电保护 1 的动作情况是否正确，接地距离保护方向阻抗Ⅰ段、Ⅱ段、Ⅲ段的配合情况是否正确。

(5) 探究不同过渡电阻时继电保护 1 的动作情况

在主菜单页单击“设置故障”按钮，在故障点 1~5 分别设置 A 相经不同大小过渡电阻接地的故障，观察三段式方向阻抗继电器的动作情况。将继电保护 1 的动作情况和动作阻抗值、动作时间记录于表 5-10 中。

表 5-9 故障报告（A 相金属性接地故障）

故障点	故障报告			
	三段保护动作情况	动作阻抗实部	动作阻抗虚部	动作时刻
故障点 1				
故障点 2				
故障点 3				
故障点 4				
故障点 5				

表 5-10 故障报告（经不同过渡电阻接地）

故障点	故障报告				
	过渡电阻	三段保护动作情况	动作阻抗实部	动作阻抗虚部	动作时刻
故障点 1					
故障点 2					

（续）

故障点	故障报告				
	过渡电阻	三段保护动作情况	动作阻抗实部	动作阻抗虚部	动作时刻
故障点 3					
故障点 4					
故障点 5					

6. 实验报告

1）详细给出整定计算的全过程。

2）观察继电保护 1 的动作情况，由故障报告分析继电保护 1 的动作情况是否正确、接地距离阻抗 I 段、Ⅱ段、Ⅲ段的配合情况是否正确。

3）探究过渡电阻对接地距离阻抗三段式保护的影响，分析不同故障点耐受过渡电阻的能力并找到每个故障点耐受过渡电阻的边界条件。

5.4 距离保护 I 段对比实验

1. 实验目的

1）掌握接地距离保护的整定原则及方法。

2）深入了解线路距离保护的原理；深入理解方向阻抗继电器的动作特性和动作方程。

3）掌握过渡电阻对距离保护 I 段的影响。

4）观察不同线路经不同过渡电阻接地故障后不同继电器的动作情况，对比方向阻抗继电器、故障分量继电器和全阻抗继电器耐受过渡电阻能力的大小，并与理论分析做对比。

5）认识了解实际继电保护装置的操作技巧和方法。

2. 实验原理

距离保护原理见本章 5.3 节实验原理部分，其中距离 I 段特点为动作阻抗较小；保护线路全长的 80%～85%；动作时限为瞬时动作。

3. 预习要点

1）线路接地距离保护的基本原理以及线路距离保护的整定原理和方法。

2）过渡电阻对距离保护的影响。

3）方向阻抗继电器、故障分量继电器和全阻抗继电器的动作圆特性和动作方程，以及它们耐受过渡电阻的能力。

4. 实验项目

1）方向阻抗Ⅰ段的整定。

2）继电保护1方向阻抗Ⅰ段的动作情况。

3）探究过渡电阻对方向阻抗继电器Ⅰ段动作的影响。

4）对比方向阻抗继电器、故障分量继电器和全阻抗继电器对过渡电阻的耐受能力。

5. 实验方法

（1）实验设备

基于三维虚拟现实和ADPSS仿真系统的实验平台、ADPSS仿真系统等。

（2）实验系统接线图及其原理

实验接线图如图5-15所示。

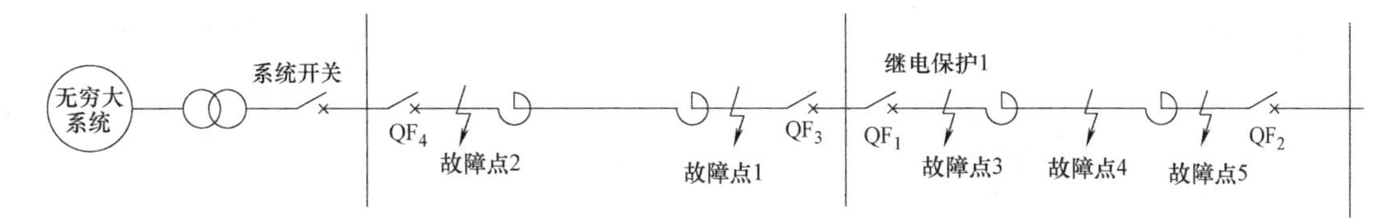

图5-15　实验接线图

仿真系统为无穷大系统带两段线路空载运行，系统电压等级为110kV，线路总长度为200km，其中两段线路各100km。每回线路出线端和线路末端都装有断路器，即QF_1、QF_2、QF_3、QF_4和系统开关，两段线路的出线端都装有继电保护装置，分别为继电保护1和继电保护2。实验线路上设置了五个故障点，从线路始端到末端分别为故障点5、故障点4、故障点3、故障点1、故障点2，分别对应第一段线路始端、中点、末端故障和第二段线路始端、终端故障。

（3）方向阻抗Ⅰ段整定计算

根据方向阻抗的整定原理、方法和系统参数，按照线路阻抗的85%整定阻抗，对继电保护1进行阻抗Ⅰ段整定计算，并将整定数据记录于表5-11和表5-12中。

表5-11　保护压板控制

保护压板控制					
投零序过电流保护	投工频变化量阻抗保护	投全阻抗继电器	投Ⅰ段接地距离保护	投Ⅱ段接地距离保护	投Ⅲ段接地距离保护

注：本实验中继电保护2默认不投入，而且实验过程中不允许修改。

（4）继电保护1方向阻抗Ⅰ段动作情况

启动基于三维虚拟现实场景和ADPSS仿真系统的教学实验平台，单击“接地距离方向阻抗继电器Ⅰ段实验”按钮，进入三维界面。单击“向下”键，进入菜单页，选择“保护压板”和“定值修改”菜单项，分别将表5-11和表5-12保护压板和整定值内容在保护装置

表 5-12 整定值

类型	序号	名称	单位	整定值	备注
整定值	1	零序过电流Ⅰ段整定值	A		整定值全部都是二次、有名值。阻抗整定值为阻抗值，即阻抗复数的模值
	2	零序过电流Ⅱ段整定值	A		
	3	零序过电流Ⅱ段时间	s		
	4	零序过电流Ⅲ段整定值	A		
	5	零序过电流Ⅲ段时间	s		
	6	线路正序电抗	Ω/km		
	7	线路正序电阻	Ω/km		
	8	线路零序电抗	Ω/km		
	9	线路零序电阻	Ω/km		
	10	线路总长度	km		
	11	接地距离Ⅰ段整定值	Ω		
	12	接地距离Ⅱ段整定值	Ω		
	13	接地距离Ⅱ段时间	s		
	14	接地距离Ⅲ段整定值	Ω		
	15	接地距离Ⅲ段时间	s		

上进行修改，修改完毕单击“确定”按钮返回主菜单页。然后再单击“定值查看”按钮，检查核对整定值有无错误，确认无误后返回主菜单页。最后再单击“定值下载”按钮，将整定值写入保护装置。

在主菜单页单击“设置故障”按钮，依次从故障点 2、故障点 1、故障点 3、故障点 4、故障点 5 设置 A 相金属性接地故障，观察继电保护 1 的动作情况以及其动作值，并将故障报告信息记录于表 5-13 中。

在主菜单页单击“设置故障”按钮，依次在故障点 3 和故障点 4 分别设置各种故障（做接地故障时为金属性接地故障），观察继电保护 1 的动作情况以及其动作值，并将故障报告信息记录于表 5-14 中。

根据故障报告验证方向阻抗继电器的方向性，确定保护范围，得出方向阻抗继电器能正确反映的故障类型。

（5）探究不同过渡电阻对方向阻抗继电器Ⅰ段动作的影响

在主菜单页单击“设置故障”按钮，在故障点 3 和故障点 4 分别设置 A 相经不同大小过渡电阻接地的接地故障，逐渐增加过渡电阻的值，观察Ⅰ段方向阻抗继电器的动作情况。将继电保护 1 的动作情况和动作阻抗值、动作时间记录于表 5-15 中。

表 5-13　故障报告（A 相金属性接地故障）

故障点	故障报告			
	三段保护动作情况	动作阻抗实部	动作阻抗虚部	动作时刻
故障点 1				
故障点 2				
故障点 3				
故障点 4				
故障点 5				

表 5-14　故障报告（不同故障类型）

故障点	故障报告				
	故障类型	三段保护动作情况	动作阻抗实部	动作阻抗虚部	动作时刻
故障点 3					
故障点 4					

根据以上故障报告验证方向阻抗继电器 I 段在出口处耐过渡电阻弱，在线路中点耐过渡电阻强。

实验时实验者可以通过计算得到方向阻抗继电器 I 段的过渡电阻临界电阻值，然后通过实验验证，也可以在实验中通过二分法搜索过渡电阻临界电阻值。

（6）对比方向阻抗继电器、故障分量继电器和全阻抗继电器对过渡电阻的耐受能力

本实验中需要对保护装置重新进行整定，保护压板中投方向阻抗 I 段、投故障分量继电器、投全阻抗继电器，其余全退出，其他整定值保持不变。整定值修改确认无误后，完成整定值下载，然后在主菜单页单击“设置故障”按钮，在故障点 3 和故障点 4 分别设置 A 相经不同大小过渡电阻接地的接地故障，逐渐增加过渡电阻的值，观察三种继电器的动作情

况。将继电保护 1 的动作情况和动作阻抗值、动作时间记录于表 5-16 中。

表 5-15　故障报告（经不同过渡电阻接地）

故障点	故障报告				
	过渡电阻	三段保护动作情况	动作阻抗实部	动作阻抗虚部	动作时刻
故障点 3					
故障点 4					

表 5-16　故障报告（不同继电器）

故障点	故障报告				
	过渡电阻	方向阻抗 I 段动作情况	故障分量继电器动作情况	全阻抗继电器动作情况	动作时刻
故障点 3					
故障点 4					

6. 实验报告

1）详细给出整定值计算的全过程。

2）在观察继电保护1的动作情况后，由故障报告分析继电保护1的动作情况是否正确，根据故障报告得出方向阻抗继电器的方向性，确定保护范围；得出方向阻抗继电器能正确反映的故障类型，并且给出理论说明。

3）探究过渡电阻对方向阻抗继电器Ⅰ段的影响，分析不同故障点耐受过渡电阻的能力并找到每个故障点耐受过渡电阻的边界条件。

4）根据实验结果分析方向阻抗继电器、故障分量继电器和全阻抗继电器对过渡电阻的耐受能力，并且给出在故障点3和故障点4每种继电器过渡电阻的临界电阻值。

附　录　变压器联结组校核公式及继电保护实验系统参数

1. 变压器联结组校核公式

变压器联结组校核公式见附表1（设 $U_{ab}=1$，$U_{AB}=K_L U_{ab}=K_L$）。

附表1　变压器联结组校核公式

组别	$U_{Bb}=U_{Cc}$	U_{Bc}	U_{Bc}/U_{Bb}
1	$\sqrt{K_L^2-\sqrt{3}K_L+1}$	$\sqrt{K_L^2+1}$	>1
2	$\sqrt{K_L^2-K_L+1}$	$\sqrt{K_L^2+K_L+1}$	>1
3	$\sqrt{K_L^2+1}$	$\sqrt{K_L^2+\sqrt{3}K_L+1}$	>1
4	$\sqrt{K_L^2+K_L+1}$	K_L+1	>1
5	$\sqrt{K_L^2+\sqrt{3}K_L+1}$	$\sqrt{K_L^2+\sqrt{3}K_L+1}$	=1
6	K_L+1	$\sqrt{K_L^2+K_L+1}$	<1
7	$\sqrt{K_L^2+\sqrt{3}K_L+1}$	$\sqrt{K_L^2+1}$	<1
8	$\sqrt{K_L^2+K_L+1}$	$\sqrt{K_L^2-K_L+1}$	<1
9	$\sqrt{K_L^2+1}$	$\sqrt{K_L^2-\sqrt{3}K_L+1}$	<1
10	$\sqrt{K_L^2-K_L+1}$	K_L-1	<1
11	$\sqrt{K_L^2-\sqrt{3}K_L+1}$	$\sqrt{K_L^2-\sqrt{3}K_L+1}$	=1
12	K_L-1	$\sqrt{K_L^2-K_L+1}$	>1

2. 继电保护实验系统参数

1）发电机参数标幺值见附表2。发电机额定容量600MV·A，额定功率600MW，额定频率50Hz，额定线电压10.5kV，凸极机。

附表 2　发电机参数标幺值

物理量	数学符号	标幺值
直轴同步电抗	X_d	1.79
直轴暂态电抗	X'_d	0.367
直轴次暂态电抗	X''_d	0.3
交轴同步电抗	X_q	1.71
交轴次暂态电抗	X''_q	0.32
正序电抗	X_1	0.13
直轴开路暂态时间常数	T'_{d0}	6
直轴开路次暂态时间常数	T''_{d0}	0.032
交轴开路次暂态时间常数	T''_{q0}	0.05
电枢阻尼绕组	R_a	0.05
惯性常数	T_j	7.5
零序电抗	X_0	999999

2）变压器参数标幺值见附表 3。变压器基准容量 100MV · A，绕组 1 基准电压 10.5kV，绕组 2 基准电压 115kV，额定容量 180MV · A，额定频率 50Hz。

附表 3　变压器参数标幺值

绕组编号	额定线电压/kV	电阻	漏抗	接线方式
绕组 1	10.5	5.5556e-4	0	D1
绕组 2	115	0.0017	2.2778e-4	YG
励磁支路电阻		2777.8		
电抗		2777.8		

3）线路参数标幺值见附表 4（基准容量 100MV · A，基准电压 115kV）。

附表 4　线路参数标幺值

线路	正序电阻	零序电阻	正序电感	零序电感	正序电容/2	零序电容/2
线路 2-线路 3	0.0643	0.2948	0.3024	0.9074	0.0181	0.0125
线路 4-线路 5	0.03215	0.1474	0.1512	0.4537	0.00905	0.00625
线路 3-线路 4	0.03215	0.1474	0.1512	0.4537	0.00905	0.00625

4）无穷大电压源参数标幺值见附表 5（基准容量 100MV · A，基准电压 115kV）。

附表 5 无穷大电压源参数标幺值

线电压有效值	1.0
A 相电压相角	0°
内电阻	7.5614e-4
内电感	0.1
内电容	(inf)
频率	50Hz

5）开关参数标幺值见附表 6。(基准容量 100MV·A，基准电压 115kV)。

附表 6 开关参数标幺值

开关电阻	7.5614e-7
初始状态	闭合,开关瞬时断开

参 考 文 献

[1] 王秀和，孙雨萍．电机学［M］．2版．北京：机械工业出版社，2013.

[2] 韩学山，张文．电力系统工程基础［M］．北京：机械工业出版社，2015.

[3] 王葵，孙莹．电力系统自动化［M］．3版．北京：中国电力出版社，2012.

[4] 刘万顺，黄少锋，徐玉琴．电力系统故障分析［M］．3版．北京：中国电力出版社，2010.

[5] 张保会，尹项根．电力系统继电保护［M］．2版．北京：中国电力出版社，2009.

[6] 贺家李，宋从矩．电力系统继电保护原理［M］．3版．北京：中国电力出版社，1994.

[7] 杨奇逊．微机型继电保护基础［M］．北京：中国电力出版社，1998.

[8] 肖洪．电力系统继电保护技术基础实验教程［M］．济南：山东大学出版社，2017.

[9] 中国电力科学研究院．ADPSS-LAB实时仿真系统介绍［EB/OL］．(2013-07-23)[2018-04-04]．https://wenku.baidu.com/view/640ef6737e21af45b307a860.html.

[10] 国家电力调度通信中心．国家电网公司继电保护培训教材［M］．北京：中国电力出版社，2009.